JN057146

末吉公園で見つけた草木たち

スケッチ画で楽しむ沖縄の植物

植物観察とスケッチ画を楽しむ会編

ボーダーインク

はじめに

末吉公園は那覇市内の首里末吉にあります。市街地でありながら豊かな自然に恵まれた場所で、公園の奥へ奥へと入って行くと川が流れていたり滝があったり、小鳥が囀っていたりします。そこでは普段あまり目にすることの無い種類を含め数多くの植物に出会えます。懐かしい植物を見つけたり、新しい植物を発見したりしながら、植物の醸し出す雰囲気、香りに包まれ、木の葉のおしゃべりに耳を傾けたりと楽しむことができます。

本書はその末吉公園で見つけたいろいろな種類の植物を観察し、写真よりも細かいところまでわかりやすいスケッチ画を通して植物を気軽に楽しんでいただきたいとの思いからつくられました。植物を知ることにより、ただの「雑草」から名のある草々へ、「名も知らぬヤシの木」から固有の名をもつ親しみのある木々となってもらえたらうれしいです。

是非、本書を片手に、「この絵に描かれている植物はこれかな？」と、木々や草々花やと話しかけながら公園内を散策してほしいと思っています。

末吉公園は植栽され整備された場所と、自然の残された場所があります。

本書ではまず、整備された場所の植物を紹介しています。入り口から左手へ下って行くと国外から入ってきて人の手で栽培された園芸種やヤシ類が多くあります〔1 栽培植物〕。また、木々の下には町中でも目にすることの出来る雑草と呼ばれている類〔II 草本植物〕、近年沖縄、日本に入ってきて生息範囲を広げ居座っている植物〔III 帰化植物〕が見られます。一方、自然の残された場所は右手側の緩やかな傾斜を登り、はじめの階段を下りたあたりで、以前から沖縄に生育した植物が多く見られ、滝見橋へ通ずる凹地には自然に生育した高木や低木が繁茂しています〔IV 在来植物〕。その木々の根元には林の中の日陰でしか見ることの出来ない植物〔V 草本植物２ - 林内林縁の植物〕や林の樹冠に巻きついたりマント群落を作る〔VI ツル植物〕も観察することが出来ます。

川のある公園は貴重で小動物や昆虫などが豊かに育っていますし植物にとっても良い環境を与えています。公園の右と左では湿潤な地と乾燥した地の環境に順応した植物が、生育する場を十分に謳歌しているような気がします。

公園内の植物全種を網羅することは出来ませんでしたが、スケッチ画集が植物への認識を深め、より豊かな感性を育てる一助となれば幸いに思います。

●この本のまとめ方

1、この本は末吉公園で見つけた植物を観察し、作成した植物スケッチ画集である。

2、本書では生育場所や栽培種、在来種などの違いで次の６つに分けた。

Ⅰ 栽培植物　原産地がはっきりし、人の手で管理栽培されている外国産の植物。ヤシ類、竹類、熱帯花木など

Ⅱ 草本植物１　一般に雑草の仲間で、栽培植物の周辺、花壇、道端、空き地などに生育しいている植物。イネ科、キク科、マメ科など。

Ⅲ 帰化植物　近年、分布を広げ、花壇、道沿いで見られる木本や草本の帰化植物。コトブキギク、ヒメオニササガヤなど。

Ⅳ 在来植物　明治以前から沖縄に分布し、生育している植物。林を形成している多くの樹木（高木・低木）等。ヤブニッケイ、ホソバムクイヌビワ、ナガミボチョウジなど。

Ⅴ 草本植物２（林縁・林内）　林内や林縁に生育する草本植物など。アリサンミズ、ウロコマリ、アリモリソウ、ノシランなど。

Ⅵ つる植物　林の樹冠や林縁にツルを伸ばしてマント群落を作る植物。ノアサガオ、タイワンクズ、オモロカズラなど。

3、植物名や科、配列は『琉球植物目録』（初島住彦、天野鉄夫。1994）に準じた。

●この本の見方

1、カラー口絵はそれぞれの植物の特徴的な樹形や葉、花、実などの写真を掲載した。またスケッチ画の掲載ページを（　）で記載し参照できるようにした。

2、植物スケッチは全体がわかるスケッチの他に花や実など細かい部分まで描いた。また記号で場所を示して名称を入れた。

3、解説文は植物の特徴や原産地や方言名、花や実の時期などの観察記録を記した。

4、コラムは観察してて興味を持った事、感じた事、関心を持って欲しい事をまとめた。

目次　contents

植物の用語解説

【植物分類】

草本（そうほん）　草状の植物。

一年生草本　1月から12月までの一年以内に発芽、開花、実をつけ、枯れる植物。

二年生草本　足かけ2年かけて生育する。越年草ともいう。

多年生草本　多年にわたって枯れずに 生育するもの。

木本（もくほん）　樹木のこと。

落葉樹　冬や乾燥などで葉を落とし、休眠する木。

常緑樹　一年中緑葉の木。

藤本（とうほん）　太いつる植物のこと。

栽培植物　人間によって栽培される植物。

園芸植物　野菜、くだもの、観賞用植物のこと。

在来植物　昔からその地域で、自然に生育してきた植物。

帰化植物　外国の植物が野生化したもの。

雌雄異株（しゆういしゅ）　ソテツやパパイヤのように、雌花と雄花が別々の株につく。

雌雄同株（しゆうどうしゅ）　ニガウリのように雄花と雌花が同じ株につく。

【各部の名称と形態】

気根（きこん）　空気中にのびだしている根。

付着根（ふちゃくこん）　他のものにへばりついて植物体を支え、上昇したりする茎から出た根。

根茎（こんけい）　地下茎のひとつで、地中をはい、節から根や芽を出す。

塊茎（かんけい）　茎が膨らんだもの

稈（かん）　タケやイネの茎のように、節以外の部分は中がからっぽの茎のこと。

皮目（ひもく）　樹木の幹や枝の表面に隆起した点々のこと。呼吸の働きをする。

短枝（たんし）　葉や実をつける数ミリから数十センチの枝。

長枝（ちょうし）　伸びて広がる枝。葉や実もつける。

環状托葉痕（かんじょうたくようこん）　小枝をぐるりと取り巻く托葉の痕。

苞（ほう）　芽やつぼみを包んでいる大型の葉。苞葉ともいう。

総苞（そうほう）　花序のもとに多数の苞葉が密集したもの。キク科など。

果嚢（かのう）　ガジュマルなど、雄しべ、雌しべは袋状のものに包まれている。このような袋をいう。

蜜腺（みつせん）　あまい蜜や精油、油脂を出すところ。

葉舌（ようぜつ）　葉鞘の上部につく小さなとんがり。小舌ともいう。イネ科など。

稜（りょう）　葉や果実、種子などの表面にある角ばった筋目の盛り上がり。

革質の葉（かくしつのは）　硬い葉身

洋紙質の葉（ようししつのは）　薄い葉

豆果（とうか）　豆さやのこと。マメ科のエンドウの果実のように、熟すと乾燥して二片に裂ける果実。

胞子嚢群（ほうしのうぐん）　シダ植物の葉の裏に胞子を含んだ袋状の胞子のうが多数集まったもの。

胞子葉（ほうしよう）　胞子をつける葉。例　リュウキュウイノモトソウ

菌根菌（きんこんきん）　菌根をつくって植物と共生する菌類。

樹冠軸（じゅかんじく）　ヤシ科の植物で葉身と幹の間で葉鞘が発達したような部分に当たる。

環状紋（かんじょうもん）　ヤシ科の植物で茎を取り巻くようにつく樹冠軸のつき痕。

末吉公園

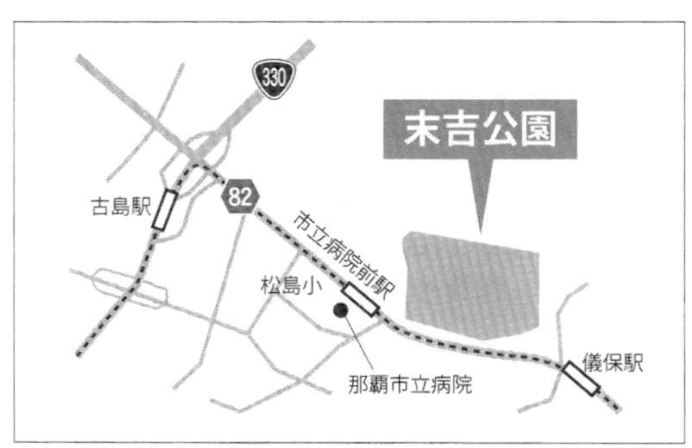

〒903-0801　那覇市首里末吉町 1-3-1

098-951-3239（那覇市公園管理課）

利用時間　午前 9 時から午後 9 時

駐 車 場　約 30 台

面　　積　7.64 ヘクタール

アクセス　モノレール「市立病院前液」から徒歩 5 分。
　　　　　バス停「末吉公園前」下車

写真で見る末吉公園の植物たち

＊（　）はスケッチ掲載ページ

（42）コバノナンヨウスギ（2023.3.17）

（43）グラウカモクマオウ（2023.3.14）

（44）パンノキ（2017.7.27）

（45）ヤマゴボウノキ（2020.1.30）

（46）ヒカンザクラ（2014.2.11）

（47）アカバナハカマノキ（2020.12.1）

(48) ムラサキソシンカ（2021.12.07）

(49) オオベニゴウカン（2022.1.23）

(50) ホウオウボク（2023.5.30）

(51) ヒラミレモン（2022.3.15）

(52) ククイノキ（2014.7.27）

(53) テイキンザクラ（2020.11.19）

(54) ナンキンハゼ（2015.9.27）

(55) タイトウウルシ（2014.5.28）

（56）リュウガン（2015.7.5）

（57）レイシ（2022.5.26）

（58）ブッソウゲ（2023.8.18）

（59）トックリキワタ（2023.11.25）

（61）オオバナサルスベリ（2020.6.26）

（62）マキバブラッシノキ（2024.3.20）

（60）ツバキ（2021.1.2）

（63）ヤドリフカノキ（2021.12.28）

（64）オオバナアリアケカズラ（2022.8.16）

（66）キバノタイワンレンギョウ（2021.9.7）

（65）ヒギリ（2021.4.6）

（67）オオバナチョウセンアサガオ（2022.4.21）

（68）ヤコウカ（2021.12.19）

(69) ウコンラッパバナ (2023.1.8)

(70) センダンキササゲ (2012.6.22)

(71) イッペイ (2016.2.17)

(72) コガネノウゼン (2023.3.5)

(73) モモイロノウゼン (2023.8.24)

(74) キダチベニノウゼン (2023.9.8)

(76) サクヤガニユリ (2020.9.23)

(75) ビヨウタコノキ (2023.6.9)

(77) リュウキュウバショウ (2021.9.10)

(78) オウギバショウ (2016.11.1)

(79) チョウシチク (2017.11.1)

(80) ホウライチク (2016.8.20)

(81) シホウチク (2022.8.28)、稈と根

(82) ホテイチク (2022.5.3)

(83) トウチク (2020.6.28)

(84) ユスラヤシ (2022.8.21)

(87) ココヤシ (2020.7.22)

(85) コモチクジャクヤシ (2023.9.13)

(86) ヤマドリヤシ (2022.8.28)

(88) プリンセスヤシ (2023.9.15)

(89) トックリヤシ (2021.9.5)

(90) トックリヤシモドキ (2013.8.30)

(91) ソテツジュロ (2021.5.7)

(92) シンノウヤシ (2022.5.22)

(94) マニラヤシ (2015.11.21)

(93) ダイオウヤシ (2021.8.30)

（98）シマキツネノボタン（2022.1.31）

（99）コメツブウマゴヤシ（2019.1.18）

（100）アメリカフウロ（2016.4.16）

（101）コマツヨイグサ（2021.5.4）

（102）ルリハコベ（2022.3.31）

（103）リュウキュウコザクラ（2020.12.23）

（104）キュウリグサ（2023.3.10）

（105）ヤエムグラ（2021.3.13）

（106）オニタビラコ（2023.2.20）

（107）カスマグサ（2023.2.20）

（108）スズメノエンドウ（2023.3.22）

（109）ヤハズエンドウ（2023.4.2）

（110）ツクシメナモミ（2023.4.17）

（113）リュウキュウコスミレ（2023.1.25）

（111）ノカラムシ（2020.9.1）

（112）シロツメクサ（2022.2.10）

（115）ツワブキ（2023.12.18）

（116）セイヨウタンポポ（2019.1.23）

（117）ナンゴクネジバナ（2021.3.27）

（114）ヒルザキツキミソウ（2021.5.22）

（119）メヒシバ（2021.6.17）

（118）パラグラス（2021.12.12）

（120）ヘンリーメヒシバ（2021.8.9）

（121）コメヒシバ（2021.7.18）

（122）アキメヒシバ（2021.9.19）

（123）オヒシバ（2023.10.3）

（126）エダウチチヂミザサ（2021.11.19）

（124）チガヤ（2022.3.21）

（125）ススキ（2021.11.5）

（127）オガサワラスズメノヒエ（2022.5.26）

（128）シマスズメノヒエ（2019.9.15）

（129）タチスズメノヒエ（2023.7.10）

（130）ナピアグラス（2019.10.26）

（131）ツノアイアシ（2016.10.16）

（132）エノコログサ（2022.10.1）

（134）オオヒメクグ（2021.5.21）

（137）ゲットウ（2015.4.25）

（133）セイバンモロコシ（2023.11.8）

（135）シュロガヤツリ（2021.11.24）

（136）クワズイモ（2023.6.5）

(140) ギンネム (2020.9.14)

(141) オキナワネム (2023.5.29)

(142) カワリバトウダイ (2022.10.14)

(143) ナガエコミカンソウ (2013.4.8)

(144) キダチイヌホウズキ (2022.6.13)

(145) ツボミオオバコ (2021.4.9)

(146) ヤナギバルイラソウ (2023.9.8)

（147）キバナツルネラ（2019.11.26）

（148）シロノセンダングサ（2022.2.1）

（149）コケセンボンギクモドキ（2018.1.18）

（151）シンクリノイガ（2019.10.31）

（152）ムラサキヒゲシバ（2022.1.7）

（150）コトブキギク（2023.12.11）

（153）ヒメオニササガヤ（2015.4.5）

（154）ツルヒヨドリ（2019.12.3）

(158) ソテツ (2016.9.18)

(159) イヌマキ (2023.10.9)

(160) リュウキュウマツ (2022.6.13)

(162) クワノハエノキ (2014.7.3)

(163) カジノキ (2007.3.24)

(164) ホソバムクイヌビワ (2015.1.8)

（165）ケイヌビワ（2019.1.19）

（166）ガジュマル（2020.6.27）

（167）オオイタビ（2016.9.1）

（168）オオバイヌビワ（2023.6.15）

（169）アコウ（2003.3.29）

（170）ハマイヌビワ（2020.9.25）

（171）ヤマグワ（2015.4.18）

（173）ヤブニッケイ（2014.4.16）

（172）コウシュウウヤク（2007.12.12）

（174）ハマビワ（2021.10.27）

（175）シロダモ（2022.2.10）

（176）ギョボク（2021.6.4）

（177）イスノキ（2020.11.16）

（178）バクチノキ（2021.10.27）

（179）オキナワシャリンバイ（2022.3.17）

(180) クロヨナ (2020.9.22)

(181) コウシュンカズラ (2022.8.28)

(182) アカギ (2015.11.13)

(183) オオバギ (2022.4.21)

(184) クスノハガシワ (2015.6.8)

(185) ハゼノキ (2022.6.28)

(186) コクテンギ (2021.10.4)

(187) ショウベンノキ (2020.10.28)

（188）クスノハカエデ（2022.4.9）

（189）リュウキュウクロウメモドキ（2014.3.17）

（190）ホルトノキ（2015.9.8）

（191）サキシマフヨウ（2021.11.17）

（192）オオハマボウ（2020.11.14）

（193）サキシマハマボウ（2021.10.2）

（194）アオギリ（2021.5.27）

（195）サキシマスオウノキ（2020.8.7）

（196）テリハボク（2020.6.26）
（197）フクギ（2014.8.18）
（198）シマサルスベリ（2015.9.13）
（199）サガリバナ（2014.8.12）
（200）モモタマナ（2023.7.7）
（201）リュウキュウコクタン（2021.8.12）
（202）リュウキュウガキ（2014.3.26）
（203）リュウキュウモクセイ（2020.10.7）

（204）ミフクラギ（2013.9.11）

（205）オオムラサキシキブ（2022.1.9）

（206）ショウロウクサギ（2017.9.13）

（207）ミツバハマゴウ（2023.7.4）

（208）クチナシ（2022.3.30）

（209）ナガミボチョウジ（2020.10.5）

(210) ギョクシンカ (2021.6.7)

(212) クロツグ (2021.6.7)

(211) アダン (2021.6.10)

(213) ビロウ (2021.3.23)

(214) ヤエヤマヤシ (2020.8.3)

(216) アリサンミズ（2021.3.2）

(218) メジロホウズキ（2022.6.29）

(219) モロコシソウ（2021.6.1）

(220) アリモリソウ（2022.12.12）

(221) ウロコマリ（2020.2.21）

(223) ヤブラン（2022.8.26）

(222) リュウキュウウロコマリ（2024.3.6）

(224) ノシラン（2022.3.6）

(225) ホウビカンジュ（2016.2.24）

(226) ヤエヤマオオタニワタリ（2023.9.20）

(227) オオイワヒトデ（2022.3.6）

(228) ヤリノホクリハラン（2022.6.20）

(230) フウトウカズラ (2021.1.20)

(231) リュウキュウボタンヅル (2022.11.26)

(232) オキナワセンニンソウ (2013.6.28)

(233) コバノハスノハカズラ (2002.5.25)

(234) ハカマカズラ (2018.6.20)

(235) タイワンクズ (2023.10.28)

(236) テリハノブドウ（2021.10.17）

(237) オモロカズラ（2023.5.23）

(238) エビヅル（2016.9.23）

(239) ホウライカガミ（2021.6.4）

(240) ソメモノカズラ（2014.5.12）

(241) ノアサガオ（2023.5.3）

(242) ヘクソカズラ（2023.11.7）

(243) オキナワスズメウリ（2022.10.12）

(244) クロミノオキナワスズメウリ（2023.2.22）

(245) オウゴンカズラ（2022.11.26）

(246) ハブカズラ（2022.11.26）と果実（2020.11）

ヤシ類の樹冠軸の観察

ヤマドリヤシ、アレカヤシ（2015.11.19）
樹冠軸は粉白色

トックリヤシモドキ（2015.11.19）
樹冠軸は緑白色。基部がふくらんでいる。

マニラヤシ（2015.11.13）
樹冠軸は淡緑色

ヤエヤマヤシ（2015.5.1）
樹冠軸は紫褐色

末吉公園の風景

●休憩所や多目的広場、遊具もある楽しい公園エリア（Ⅰ、Ⅱ、Ⅲ）

広々としたエントランスエリア

エントランスエリアから左側の階段

遊具のある遊び場

高いヤシがそびえる日当たりの良い広場

●自然林の中の遊歩道が続く静かな公園エリア（Ⅳ、Ⅴ、Ⅵ）

エントランスから右側自然林の中の遊歩道

ゆるやかな階段脇には在来植物が生育

滝見橋から見た安謝川の急流

夏でも涼しい池の周りは在来植物が生育

I　栽培植物

原産地がはっきりし、人の手で管理栽培されている外国産の植物。
ヤシ類、竹類、熱帯花木など

コバノナンヨウスギ（ナンヨウスギ科）

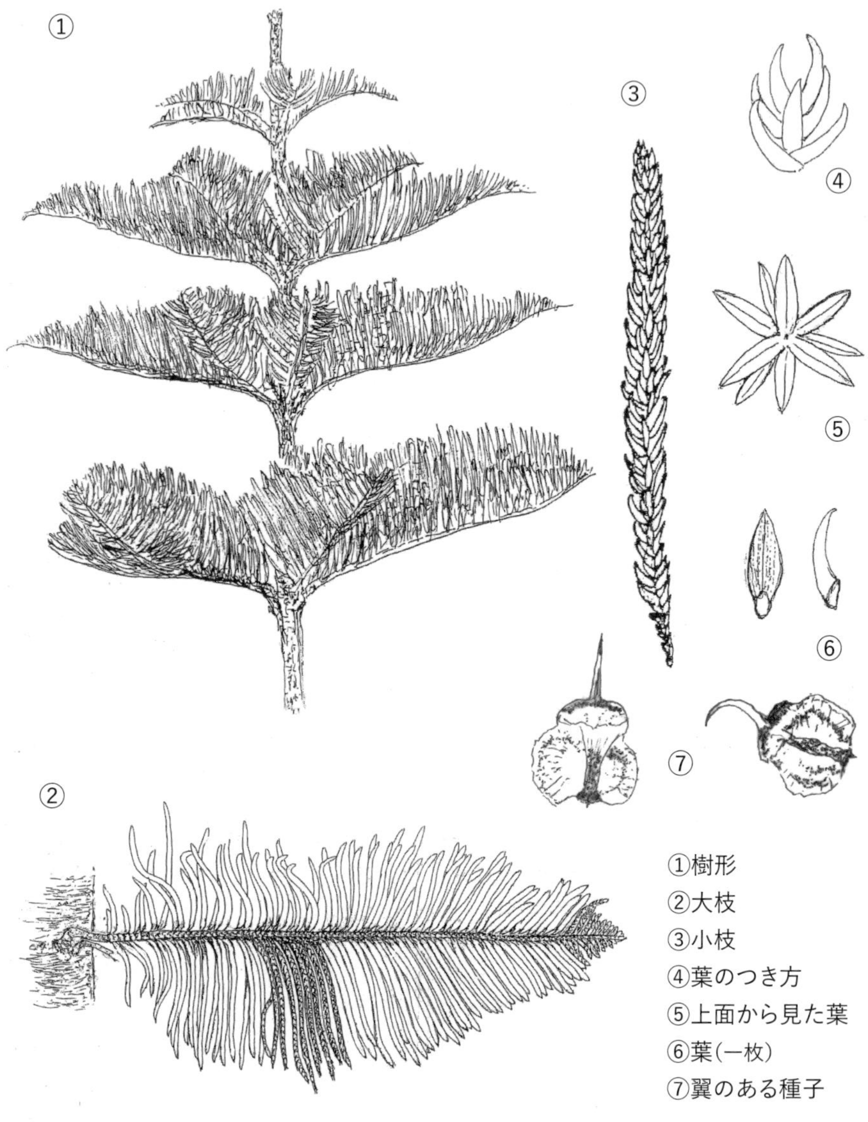

①樹形
②大枝
③小枝
④葉のつき方
⑤上面から見た葉
⑥葉（一枚）
⑦翼のある種子

常緑高木の針葉樹（リュウキュウマツ、カイヅカイブキ等がある）で樹高30m、円錐形の樹形となる。4~7本の枝が輪生する、大枝は水平に伸長し、大枝から伸びる小枝は左右に列をなす。若葉は1.2㎝程の針状で軟質、左巻きで光沢がある、成葉は0.6㎝の披針形で杉の葉に酷似する。球果の果鱗は径7㎝ほどのパイナップルを小さくした形で多数の鋭い刺状の発達した翼（よく）を持つ種子がつく。樹姿が好まれ公園や庭園などで見られる。シロアリには弱い。南太平洋のノーフォーク島原産。

グラウカモクマオウ（モクマオウ科）

モクモー（沖縄全域）

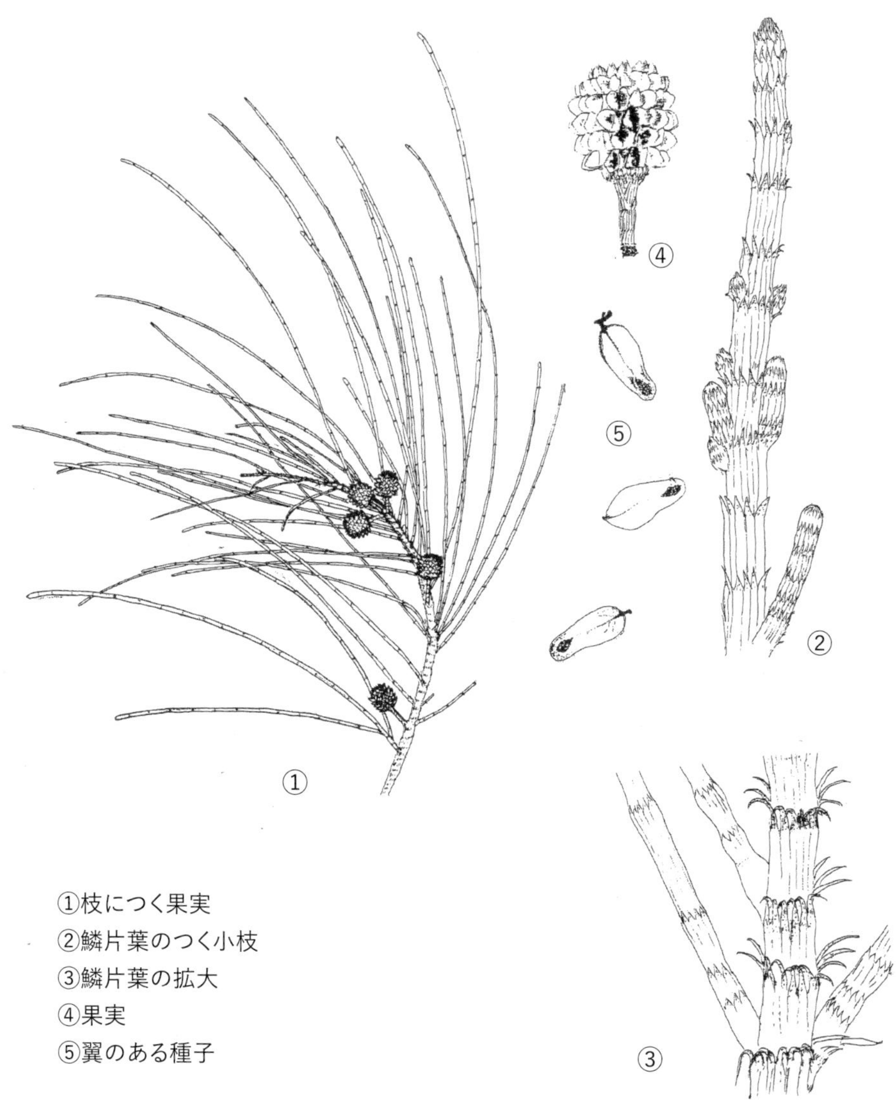

①枝につく果実
②鱗片葉のつく小枝
③鱗片葉の拡大
④果実
⑤翼のある種子

樹高10~15mで生長が早い、被子植物。主幹の基部に板根をもつものがある。落葉性の小枝は幅1㎜程で松葉のように細く20~40㎝、7~13㎜間隔に節があり、縦に多数の溝が走りその先に16の鱗片葉が輪状につく。よく見かけるトキワギョリュウよりも小枝が太く環境に順応する力は強い。3月頃には5~10㎜の赤紫色で糸状の花弁を持つ雄花が1から7個つき、そのすぐ下に小さい薄桃色の雌花が7~8個つく。さらにその下に雄花がつく事もある。果実は7~8㎜、9月頃に実る。雌雄同株。ゴマダラカミキリに強い。根は菌根菌を持ち痩せ地でもよく生育する。末吉公園では鱗片葉が16ある樹が観察されグラウカモクマオウと同定できた。オーストラリア原産。

パンノキ（クワ科）

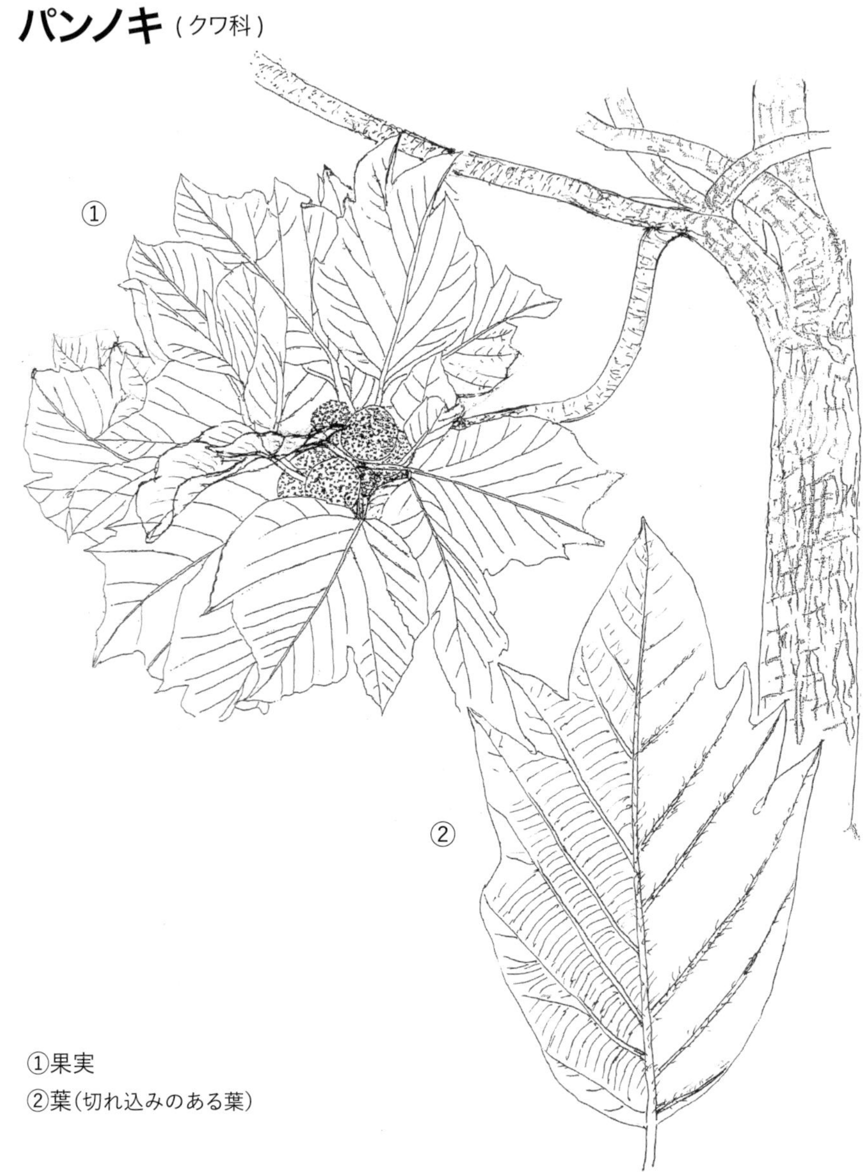

①果実
②葉（切れ込みのある葉）

高木で樹高15m、樹皮は黒褐色。葉は大型で30~60㎝の卵形から長楕円形、葉の下部は全縁、上部は掌状に3~8に切れ込みが入る。葉面は深緑色で光沢がある。花は7~8月に葉の脇に雌雄別々に咲く。11~2月に小児の頭大の集合果が熟する。果実はタンパク質やデンプンを含み食する事が出来る。紅色の種皮に包まれた小指の頭大の黒色の種子が1果実に数十個出来る。しかし沖縄では種子の出来ない場合もある。明治43年にスリランカより国頭農学校へ初めて導入された。以後、学校、試験場などに植栽される。材は粗だがシロアリに強い。太平洋諸島マレーシアに分布する。ポリネシア、マレーシア原産。

ヤマゴボウノキ（ヤマゴボウ科）

①幹
②枝
③雄花
④花序をつけた枝

常緑の高木で樹高15m、幹は肥大し、木質は軟らかい。葉は互生し広卵形から楕円形、7~17㎝。花は頂生、4~5月頃に長めの花序に多数の花をつけ垂れ下がる。花は長い白色の花糸の先に黄色の葯をつける。雌雄異株、末吉公園の樹は多数の雄しべがつく雄株で雄花は開花後に落下する。風に弱く傷ついた樹皮から紫色の毒性のある樹液が流れる。県内ではあまり見かけない樹木。南アメリカ原産。

ヒカンザクラ（バラ科）

サクラ（沖縄全域、「おもろそうし」）
ヤマザクラ（西表）

①鋸歯のある葉
②花序
③果実

樹高 7~10 m、落葉高木。葉は互生し、楕円形から卵状楕円形で 8 ㎝程、晩夏に落葉を始める。樹皮は褐色で淡褐色の楕円形の皮目（空気の通り道）がある。葉柄には一対の蜜腺があり、葉は不規則な2重鋸歯がある。花は濃桃色、鐘形で下に垂れて咲く。花びらが散ることはなく花穂から落花する。果実はサクランボに似るが小型、3~4 月に赤熟する。沖縄では古来から伝わる花木で、日本一早く咲く。カンヒザクラともいう。石垣島の「荒川のカンヒザクラの自生地」として昭和 47 年 5 月 15 日に国指定の天然記念物に指定された。材はシロアリに強い。木は観賞用としてあちらこちらに植えられている。牧野富太郎の書に「台湾の山に生じているものである。それがずっと昔に琉球に渡り…」とある。

アカバナハカマノキ、オオバナソシンカ（マメ科）

①花序

樹高5~ 8m、羊の蹄（ひずめ）に似ている事から羊蹄木とも呼ばれる。また葉の先が二つに割れ袴に似ているのでアカバナハカマノキ、鮮やかな 10~15 ㎝の赤い花を咲かせるのでアカバナソシンカ、あるいはランの花に似ているのでオーキッドツリーとも呼ばれる。ソシンカの中で一番大きい花を咲かすのでオオバナソシンカとも呼ばれる。葉は大型で互生する。11~4 月頃に枝先に花をつけるが結実はしない。南中国原産。

ムラサキソシンカ（マメ科）

樹高5～10m、葉は羊の蹄（ひずめ）に似ている事から羊蹄木と呼ばれるソシンカ類の小高木。花径10cm程の多数の花をつける。淡桃色の花は紫桃色に変化する。11月に緑の果実をつけるが、12月には紫色に変わり、冬には裂開し種子を散布する。東南アジア原産。

①果実（サヤ）のある枝
②花
　②-1 雌しべ（柱頭）
　②-2 雄しべ（葯）
③はじけた果実と種子

オオベニゴウカン（マメ科）

樹高2~3m。花は緋紅色の50本程の長い雄しべが球状となるが、雌しべはハッキリしない。細い果実(サヤ)の中にまれに3~4個の種子をつける。葉は2回羽状複葉、小葉は披針形で2~3㎝の6~7対。花は頭状花序をなし、径7~9㎝。白色系統もある。戦後に導入された。ボリビア原産。

①花(球状をつくる雄しべ)
②2回羽状複葉の葉枝
③果実(サヤ)

ホウオウボク（マメ科）

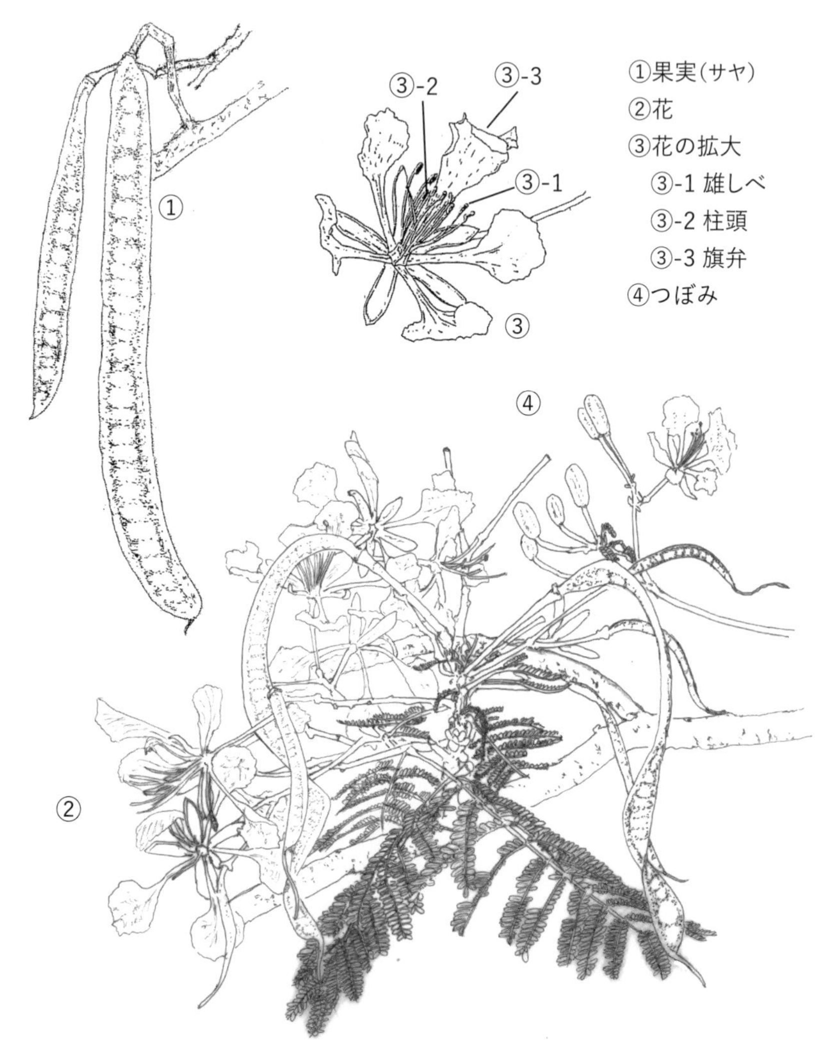

落葉高木で樹高3~ 4m。「世界三大花木」の1つにあげられる。町中の樹が花の時期に木全体を橙色に覆っているのを見るのは豊かな気持ちになる。観光客にも大人気な花樹である。緑色から褐色となり垂下する果実（サヤ）は大きく30~50 ㎝程もあり、目を引く。スプーン状の花は紅桃色の5枚の花弁を持ち、大きな旗弁には黄地に赤く走る線が映える。沖縄には明治 43 年に国頭農学校に初めて導入され、日本の地においては沖縄県が路地植栽に適していると言われる。2016 年からホウオウボクククチバによる葉を食される被害が生じた。又シロアリの害を受けやすいことも問題になっている。マダガスカル原産。

ヒラミレモン（ミカン科）

シークヮーサー（沖縄）

①果実
②花
　②-1 雄しべ
　②-2 雌しべ（柱頭）
③つぼみ

樹高5~8m、小枝は緑色で稜を持ち三角柱、1㎝程の刺がある。白く芳香を放つ花が咲き辺りに漂うと爽やかな気分になる。径3㎝程の緑の実は7月頃から目立ち、11月以降に橙色に熟する。沖縄の各島に自生し、特に石灰岩地に多い。若い果実は食用酢やジュース、熟果は生食、果皮は薬用として期待されている。ゴマダラカミキリによる食害で枯れた木が復活するのが待たれる。沖縄、台湾（台東）に分布。

ククイノキ（トウダイグサ科）

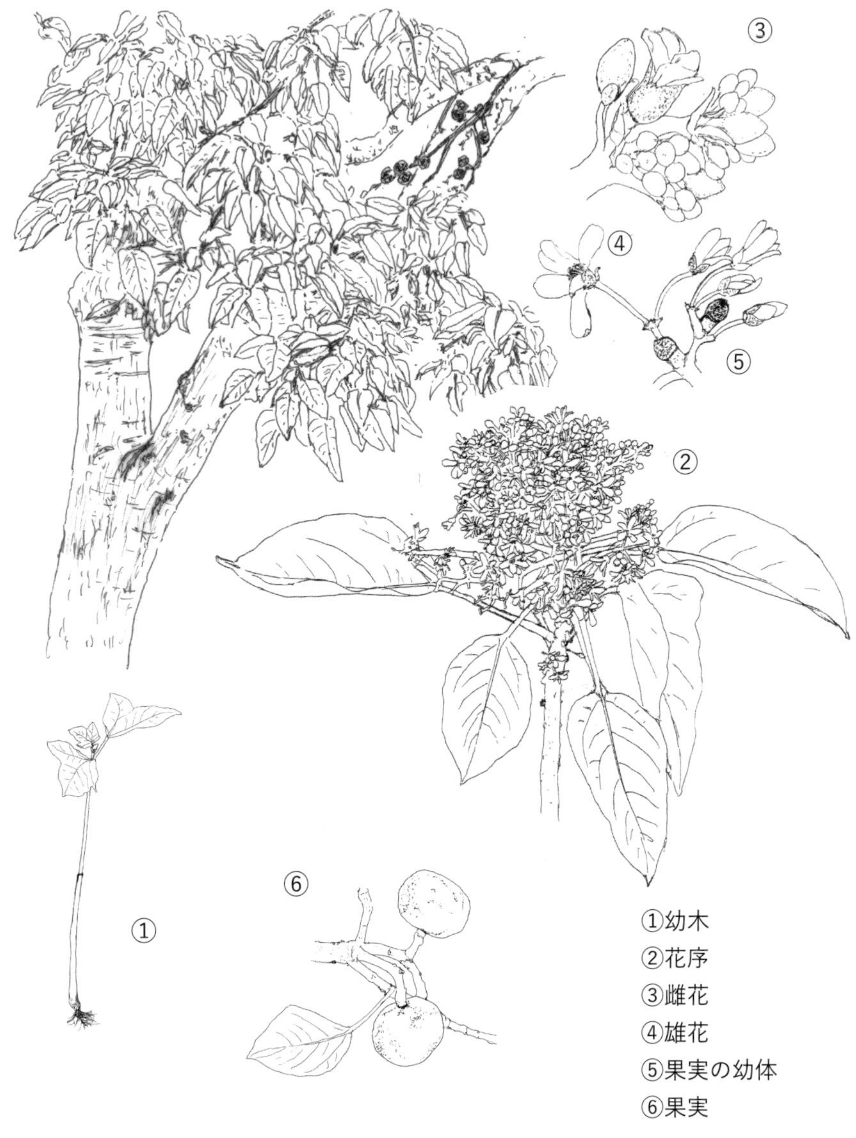

①幼木
②花序
③雌花
④雄花
⑤果実の幼体
⑥果実

常緑の高木で樹高10m。若木の葉は3~5に浅く裂けるが成葉は全縁で互生。花は5月頃に開花する。雌花は他の枝に咲いた雄花によって受粉した後、に同一枝の雄花は開花する。自家受粉を避けているように考えられる。沖縄では昭和の初期に熱帯性の果樹の普及のために導入された。現在では外来種のタイトウウルシ、センダンキササゲ等の樹木は繁殖力が強く、在来種にとっての脅威となっている。ククイノキの樹も同じである。マレーシア、ポリネシア原産。

テイキンザクラ（トウダイグサ科）

①花
②若い葉（バイオリンの形に似る）
③花弁（サクラに似る）

低木で樹高2~3m。葉にはバイオリン（提琴）に似たものもありテイキンザクラとされ、花びらがサクラに似ていることからナンヨウザクラとも言われる。濃桜色の花は葉の脇から出る長い花茎の先にたくさん集まって年中咲く。トウダイグサ科の当種は毒性があるといわれているので樹液には注意が必要。沖縄では結実する事は少ない。年中花をつけているので、花を楽しむことができる。西インド諸島原産。

ナンキンハゼ（トウダイグサ科）

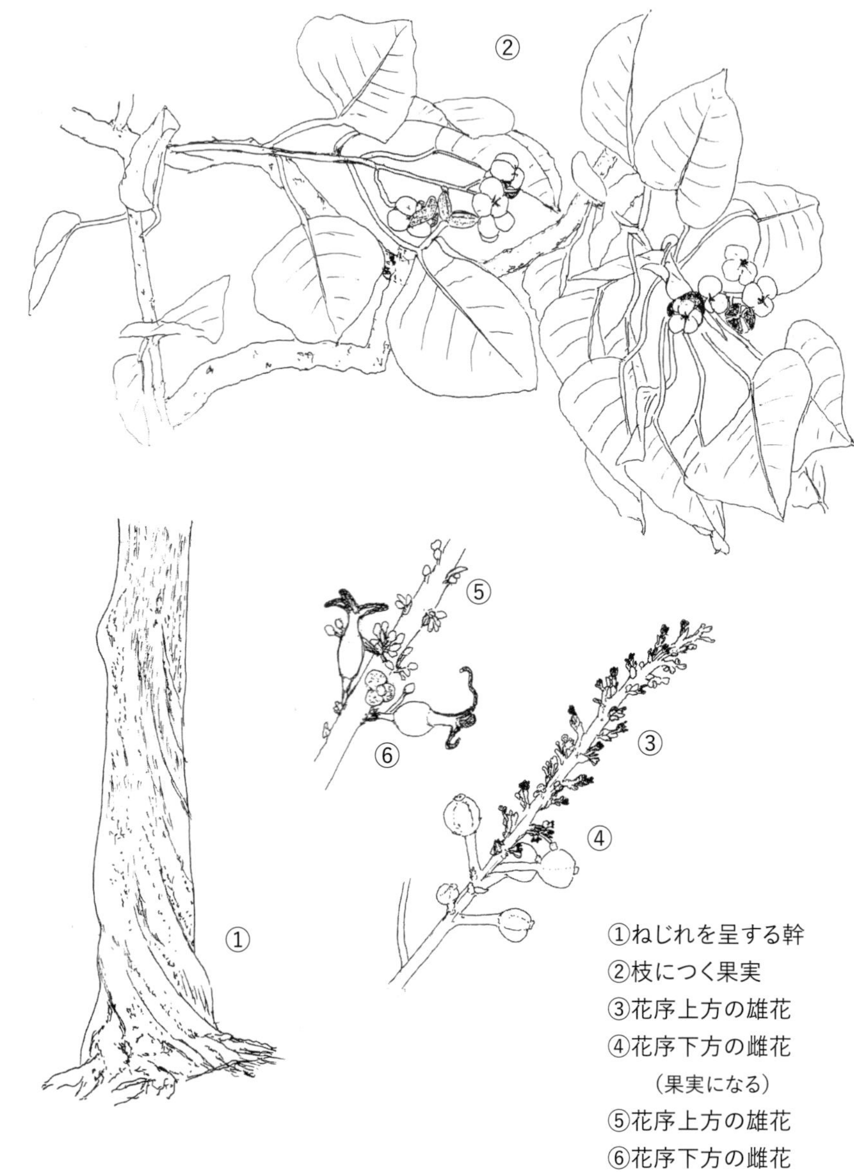

①ねじれを呈する幹
②枝につく果実
③花序上方の雄花
④花序下方の雌花
（果実になる）
⑤花序上方の雄花
⑥花序下方の雌花

落葉小高木で樹高 8 m。葉は互生し菱形や卵形で 4~8 ㎝、夏は深緑色で裏面は白色を帯びる。秋には黄色や橙色を呈し、秋色を醸し出す沖縄では数少ない植物。4~6 月には枝の先に腋生の総状花序に黄色で小型の微香性の花をつける。果実は扁球形で 8~12 月に熟し、実が開くと中に白色のロウ物質に覆われた 3 個の種子が見られる。野鳥が好んで食する。中国原産。

タイトウウルシ（ウルシ科）

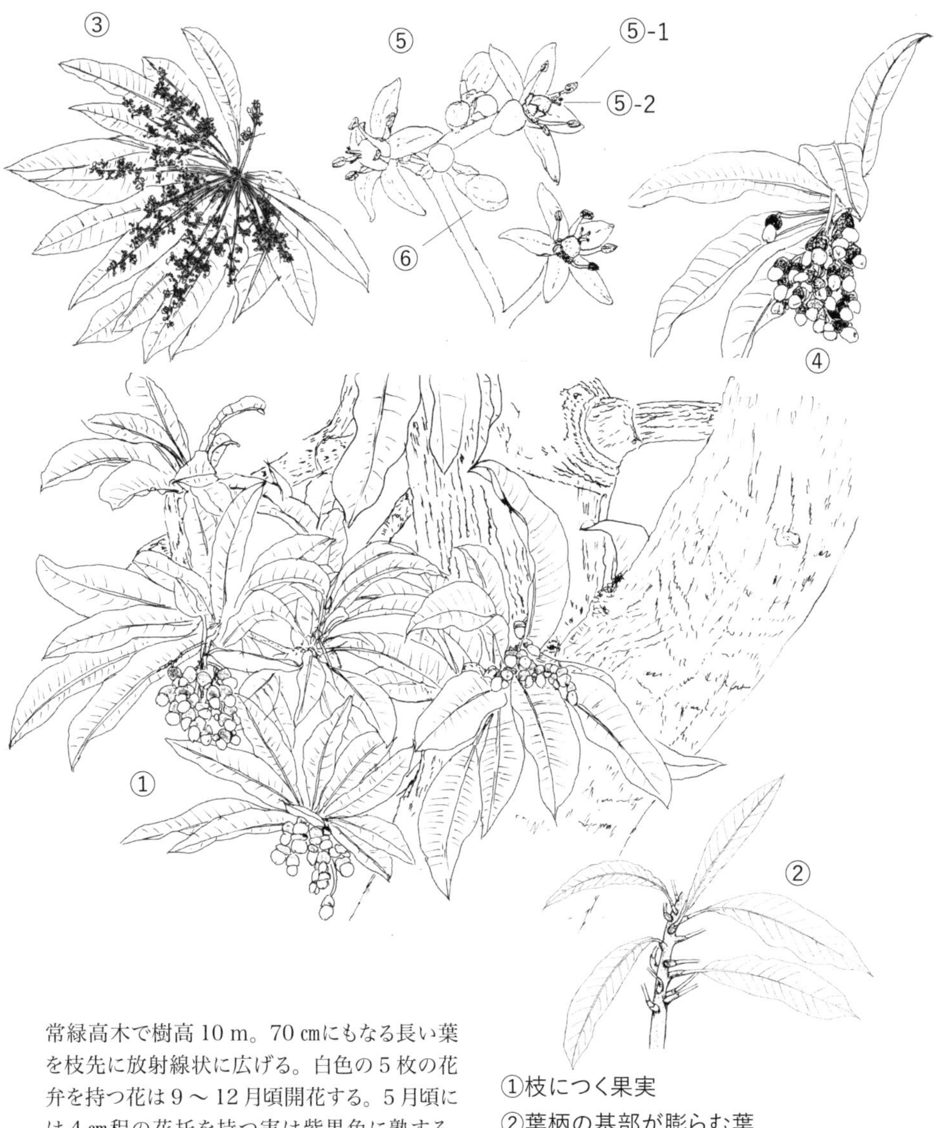

常緑高木で樹高 10 m。70 ㎝にもなる長い葉を枝先に放射線状に広げる。白色の 5 枚の花弁を持つ花は 9 ～ 12 月頃開花する。5 月頃には 4 ㎝程の花托を持つ実は紫黒色に熟する。実はコウモリが好んで食すために、公園内の生息域を 15 カ所にも拡大させた。現在センダンキササゲ等と同様に域内の在来植物や昆虫、その他の生物にも多大な影響を与えつつある。漆を採るために台湾から導入されたが、さして効用は無かった。樹液は漆かぶれをおこすので注意が必要。フィリピン原産。

①枝につく果実
②葉柄の基部が膨らむ葉
③花序
④花托を持つ果実
⑤花
　⑤-1　雄しべ
　⑤-2　雌しべ（柱頭）
⑥つぼみ

リュウガン（ムクロジ科）

リンガン（沖縄各地、琉球語便覧）ティンガン（首里）

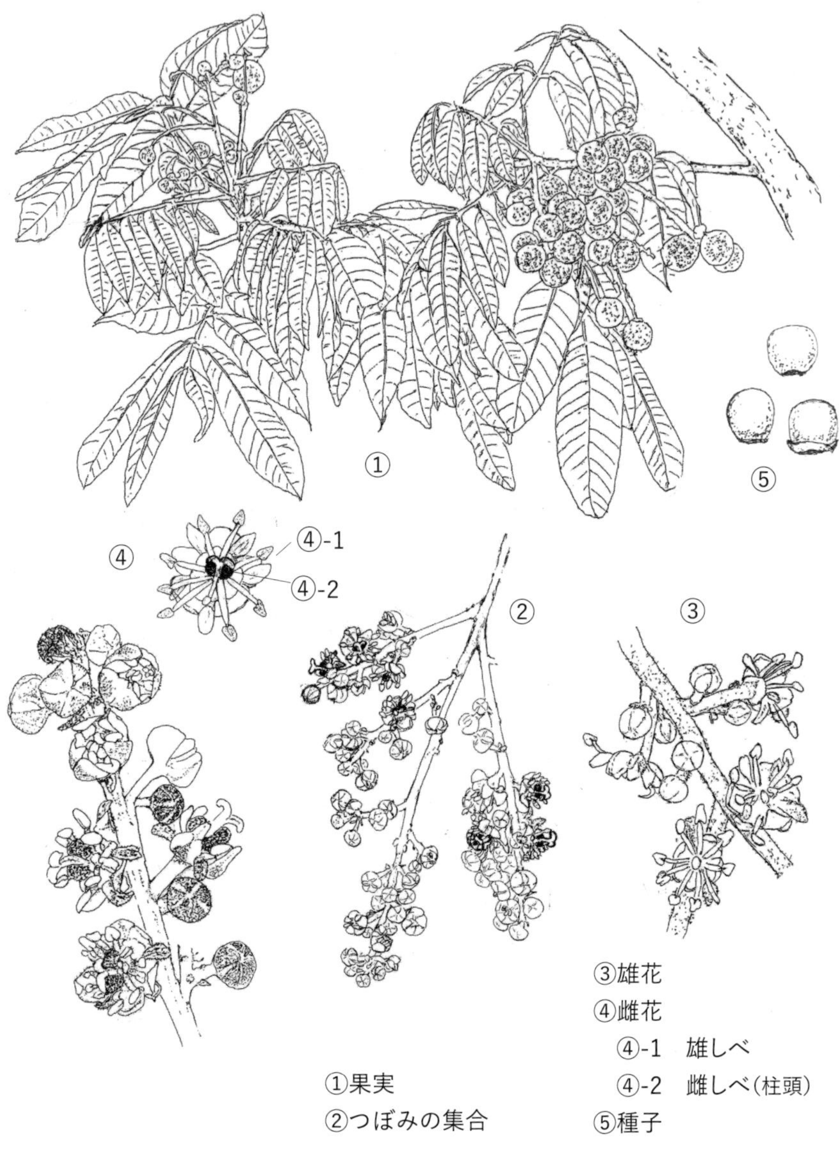

①果実
②つぼみの集合
③雄花
④雌花
④-1　雄しべ
④-2　雌しべ（柱頭）
⑤種子

常緑高木で樹高 10~15 m。花は白く、3 月下旬以降に開花、雌雄同株で小枝ごとに雌花と雄花を咲き分ける。開花時には香りの良い蜜を分泌し多くの昆虫を引き寄せる。養蜂家にとっては大切な蜜源となっている。果実は球形で径 2~3 ㎝、7~8 月頃には褐色に熟し、中には美味な白肉があり、その中に黒い種子がある。真境名安興著『沖縄一千年史』の「尚清時代の農業」の中に「龍眼」の表記が見られることから、1530 年代には栽培されていたと思われる。南中国原産。

レイシ（ムクロジ科）

リーチ（沖縄）、デーチ（沖縄首里）

①枝につ果実
②雌花
　②-1　雌しべ（柱頭）
　②-2　雄しべ
③雄花
④種子

常緑の中高木で樹高、5~10m、、樹皮は薄く灰色。葉は偶数羽状複葉で小葉は互生し、年に数度薄茶色がかった新葉が出る。1属1種、雌雄同株、花は1~3月に花弁の退化した雌花、雄花、完全花、不完全花が異なった小枝に咲き分ける。果実は4㎝程、熟すると緑から紅色になる、果肉は乳白色で甘味と酸味が適当にあり好まれて食される。果実の中の長楕円形で暗黒色の光沢のある種子の基部は、乳白色でデンプン質に富んでいる。果実には2種の毒素があり、体内で糖を作るのを阻害し低血糖を引き起こす事があるとわかった。楊貴妃が好んだ果物とのエピソードもある。南中国原産 。

ブッソウゲ（アオイ科）

アカバナー(沖縄、久米、渡嘉敷)
グソーバナ(饒波、首里)

①花弁
②ずい柱
③雄しべ
④雌しべ

常緑低木で樹高５m、よく枝分かれする。５枚の花弁に雌しべと雄しべが合着した長いずい柱を持つ花を咲かせる。花は一日花だが次々と咲くので年中見られる。種子は出来ない。ブッソウゲの原産地はインド諸島と言われるがハッキリしていない。ヒビスクス属植物同士の交雑によって誕生した雑種と考えられている。沖縄では「アカバナー」「グソーバナ」（仏花）と呼ばれ、生け垣や墓の周辺などにもよく見られる。薬用植物とされ眼病の治療や咳止めに用いられた。『中山伝信録』に「佛桑（ブッソウ）」の表記がある。

トックリキワタ（パンヤ科）

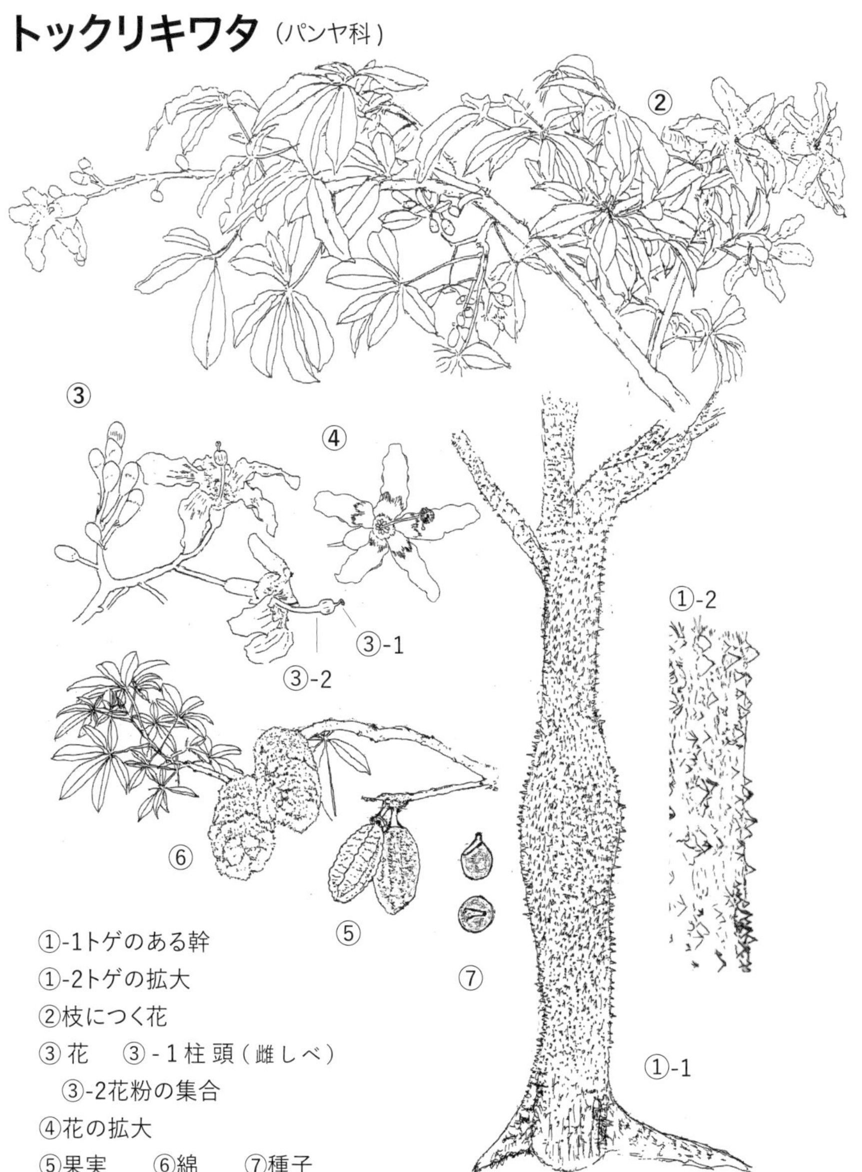

落葉高木で樹高 20 m。若い木の樹皮には鋭い大きい刺が密生する。濃い緑色の樹皮が褐色に変わる頃から幹がトックリ状になる。枝は 3 本ずつ放射状にやや水平に張り出す。葉は長い柄を有する掌状複葉で小葉は長さ 7~15 ㎝と大きい。花は 10 月末 ~12 月に濃い桃色で内面の基部は淡黄色、まれに白色で径 12~15 ㎝。実は長楕円形 10 ㎝、熟した実が裂開すると中の綿毛に包まれていた 200 個程の黒色の種子が飛び散る。昭和 39 年 10 月ボリビアより持ち帰った種子が 45 年に開花した。カポック綿はクッション等の詰め物として利用される。街路樹としても植栽される。別名のトボロチはボリビアでの呼び名。南米大陸原産。

ツバキ（ツバキ科）

ツバチ（ヤブツバキ、リンゴツバキも含む；沖縄琉球語便覧より）チバチ（沖縄、田港、許田、首里）

①枝につく花
②実
③裂開した果実（はじけた実）

常緑の小高木で樹高 3~5 m。葉は互生、革質（洋紙質）、楕円形で葉先は尖る、表面は暗褐色で光沢がある、葉の縁に細かい鋸歯がある。ヤブツバキや他のツバキとの交配で品種が多数出来ている。ツバキには葉柄や葉の下部に毛のあるものや無いもがあり、ヤブツバキには毛が無い。種子は食用油、化粧品に、樹木は庭園樹、生花材、器具材や薪炭材などに利用される。

オオバナサルスベリ（ミソハギ科）

①花序
②果実

樹高 4~5 mにもなる落葉木、寒さに弱い。葉は互生で楕円形、全縁、10~30 ㎝。円錐花序は 45 ㎝、桃色の花の径は 4~8 ㎝、サルスベリの仲間では最大、7~10 月頃まで咲く。実は 2.5 ㎝。原産国では建材等に使用され、沖縄では公園や庭園、街路樹に見られる。別名ジャワザクラ。インド原産 。

マキバブラッシノキ（フトモモ科）

①花序
②果実

常緑低木で樹高5m、枝は密生する。葉はイヌマキに似た線形で5~12㎝で全縁。硬く先は尖る。花は枝先につき、穂状花序は12㎝程、雄しべは密生し赤色。実は球形で径6~8㎜。花は試験管洗いのブラシに似て、葉はマキの木に似ている事から名がついた。観賞用として明治末期に沖縄に導入され、各地の庭園等に植栽される。オーストラリア原産。

ヤドリフカノキ（ウコギ科）

①果実
②花序
②-1 雄しべ
②-2 雌しべ

樹高3~5m、原産地では30m以上になる。葉は光沢のある緑色で掌状複葉、小葉は長楕円形、葉柄は短い。花穂は30～40cm程、棒状で多方面に広がる。花弁は無く6本の雄しべが目立つ。果実は黄色で球形。台湾より導入され公園等に植栽された。生け垣などに利用される。シフレラホンコン（葉は丸実を帯びる）カポック（葉は長葉）とも呼ばれる。台湾、中国南部原産。

オオバナアリアケカズラ（キョウチクトウ科）

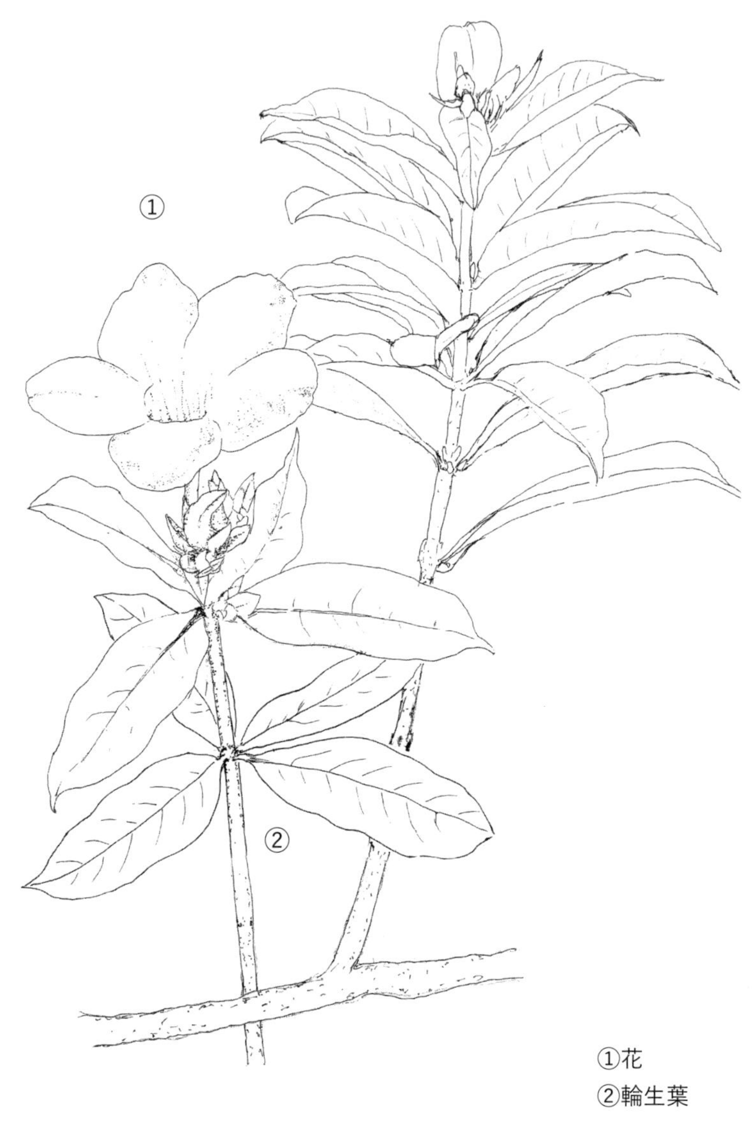

①花
②輪生葉

1~6m のツル性の常緑樹。葉は葉柄が無く卵状披針形、17 ㎝程、通常 4 枚の輪生だが 3 枚、2 枚の対生もある。集散花序をつけ、花はロート状で黄色の極大輪、花茎は 10~11 ㎝で縁は 5 枚に裂ける。観賞用として公園、庭園、外壁や柵などに用いられ、大きな花は見る人を楽しませる。南アメリカ原産。

ヒギリ（クマツヅラ科）

チリントゥ(首里)

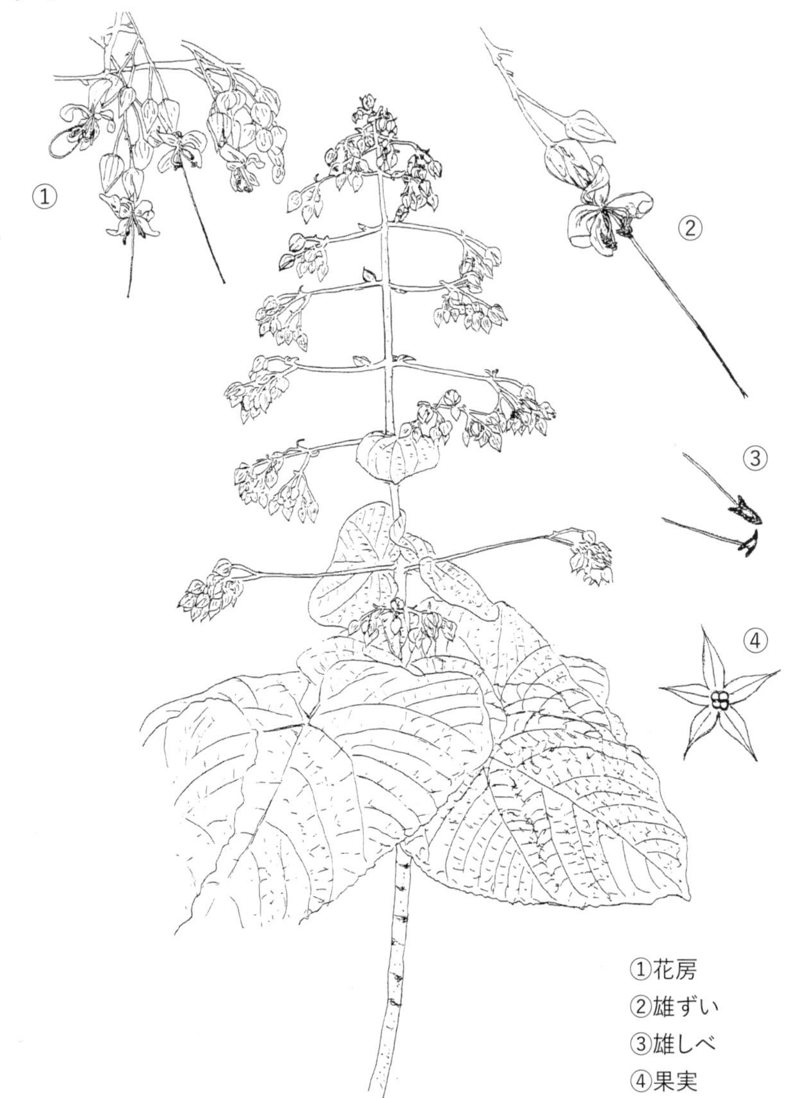

落葉樹で樹高 1~2 m。茎は四角形で太く分岐しない。葉は紙質、葉柄は長く約 30 cm、茎との付け根は肥大する。葉は 17~40 cmの大きな卵円形で細かい鋸歯をもち葉先は鋭り、基部は心形で対生する。葉の下面には黄色の微小な腺点（色素を出す点）が密布し、微小な黄色の班点をつくる。花は集散状の円錐花序で 30 cm以上となり多数の花をつける。5 枚の花びらは鮮赤色で 1.5 ～ 2.5 cm、雄ずいは長く突出し 6.5 cmにもなる。果実は球形で 9 mm程、青黒色に熟する。沖縄では旗頭（はたがしら）のデザインとしても好んで使われている。ヒギリに似て小型のシマヒギリと称されるものが沖縄本島に見られる。中国南部、インド原産

キバノタイワンレンギョウ（クマツヅラ科）

①花序
②果実
③茎につくトゲ

常緑広葉樹で樹高 2~5 m、枝は分岐が多く有刺或いは無刺。葉は卵状楕円形や倒卵形、新芽の部分が黄色を呈する期間が長くキバノタイワンレンギョウと称される。末吉公園の中の緩やかな斜面にキバノタイワンレンギョウで「末吉こうえん」の文字をつくっている。花序は下垂した円錐状、花は 1.3 ㎝程で藤色や青色。果実は球形で黄色の液果で食すことが出来る。生垣や道路脇の緑地帯などでよく目にする。台湾、熱帯アメリカ原産。

オオバナチョウセンアサガオ（ナス科）

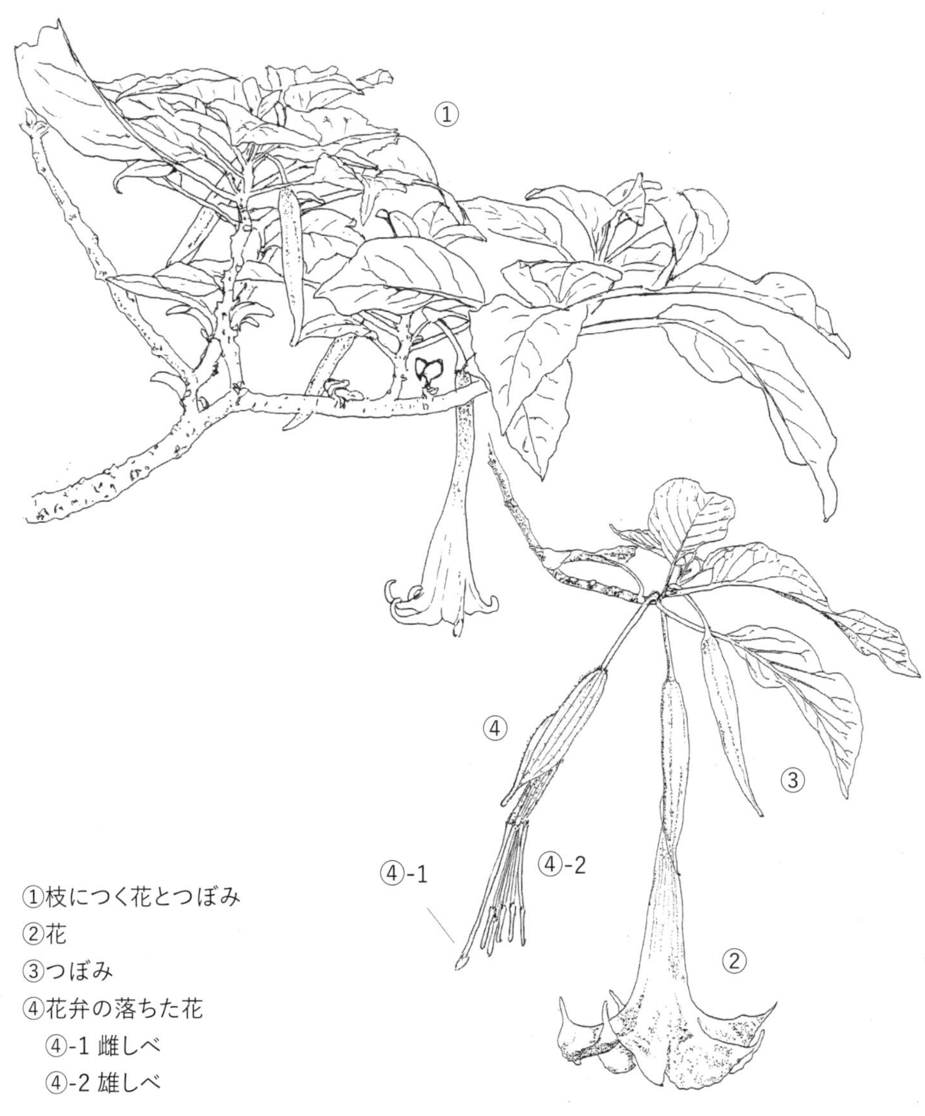

①枝につく花とつぼみ
②花
③つぼみ
④花弁の落ちた花
④-1 雌しべ
④-2 雄しべ

樹高 2~5 m。葉は卵状長楕円形、9~25 ㎝で下に垂れ、タバコの葉に似る。単生する花は葉の脇に下向きにつき、白色のラッパ状で 5 つに裂けた花先は少々反り返り、後に淡桃色に変化する。3~11 月に咲き独特な香りを発する。有毒と言われ、この種の仲間には麻酔薬の原料となっているものもある。木全体にラッパ状の花が下垂している風景は詩的で物語の中に入り込んだようだ。ペリー、チリ原産。

ヤコウカ（ナス科）

ヤコークヮ(沖縄、首里)

樹高1~4m、枝は細く密生する。葉は卵状楕円形で10~20㎝。3~11月には星型をした緑白色で芳香のある小型の花を咲かせる。日没頃より香り始め夜間にはかなり強い芳香を発する。毒のある白色の実が多数つき薬用に利用される。西インド諸島、中央アメリカ原産。

①花序
②花の拡大
②-1 雄しべ
②-2 雌しべ
③果実

ウコンラッパバナ（ナス科）

①つぼみ
②花
　②-1　雌しべ(柱頭)
　②-2　雄しべ
③雌しべ

ツル性で10m程。茎の節から気根を出し周りのものに絡みついて左右上下に伸びる。葉は10~20㎝で葉柄につき、厚みのある先の尖った楕円形、表面は光沢がある。枝の先に15~18㎝の大きなラッパのような花が一輪ずつつく、開花時には鮮やかな黄色、次の日には褐色となり三日後には落花する。夕方に開花するのも多い。花期は1~6月。5本の雄しべが目立つ、雌しべもあるが実をつける事はない。落花後には長く伸びる柱頭が目立つ。風船が膨らみ始めた様な形のつぼみは両手で包み込んでみたくなる。メキシコ原産。

センダンキササゲ（ノウゼンカズラ科）

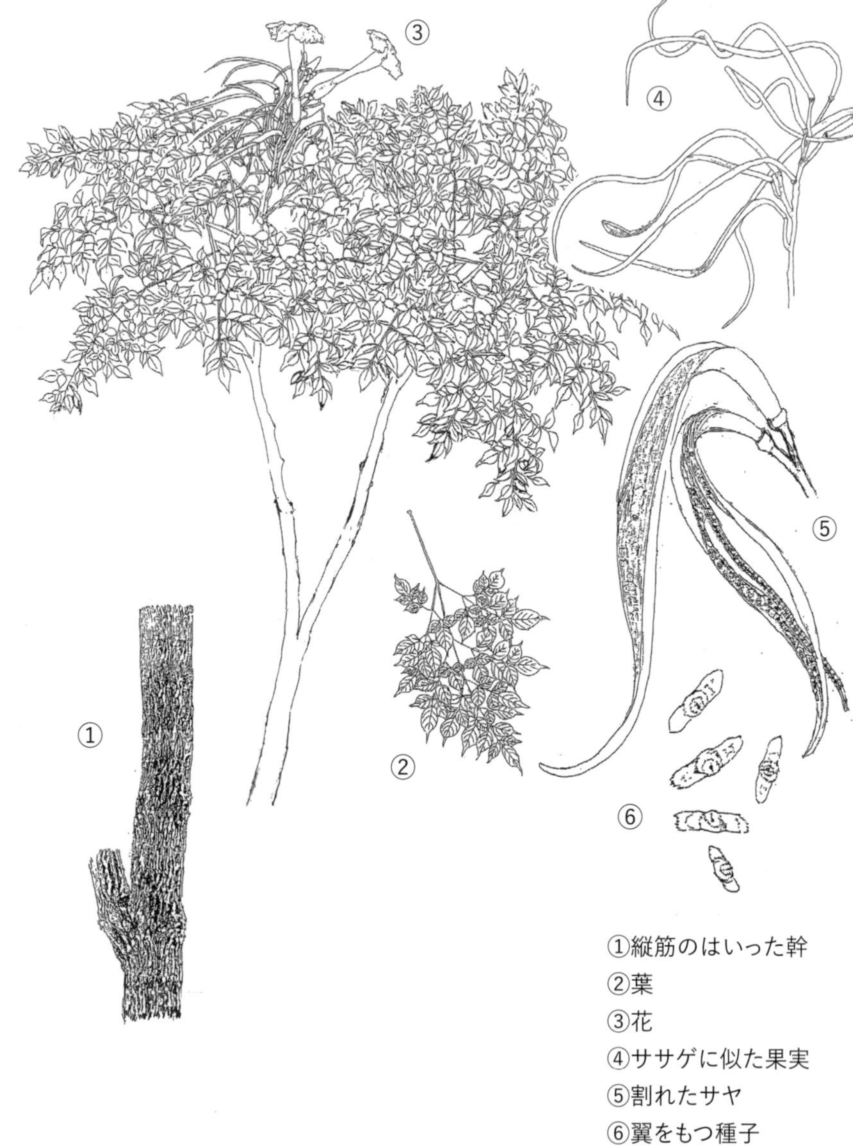

①縦筋のはいった幹
②葉
③花
④ササゲに似た果実
⑤割れたサヤ
⑥翼をもつ種子

樹高 10 m、樹皮は厚くコルク質、茶褐色で縦に裂け目がある。葉は対生し無毛で光沢があり、センダンの葉によく似る。3 回奇数羽状複葉で小葉は卵形～楕円形、4.5~6 ㎝。枝先の円錐花序は大型で白色の花が夕方 7 時頃より開花し、翌日には落花する。暗い空に白色の大きな花は一際目立ち幻想的。果実はササゲの実に似て 50 ㎝程の長さで、縦に 2 裂し翼をつけた多数の種子を散布する。名は葉がセンダン、実がササゲに似る事による。台湾、中国原産。

イッペイ（イペー）（ノウゼンカズラ科）

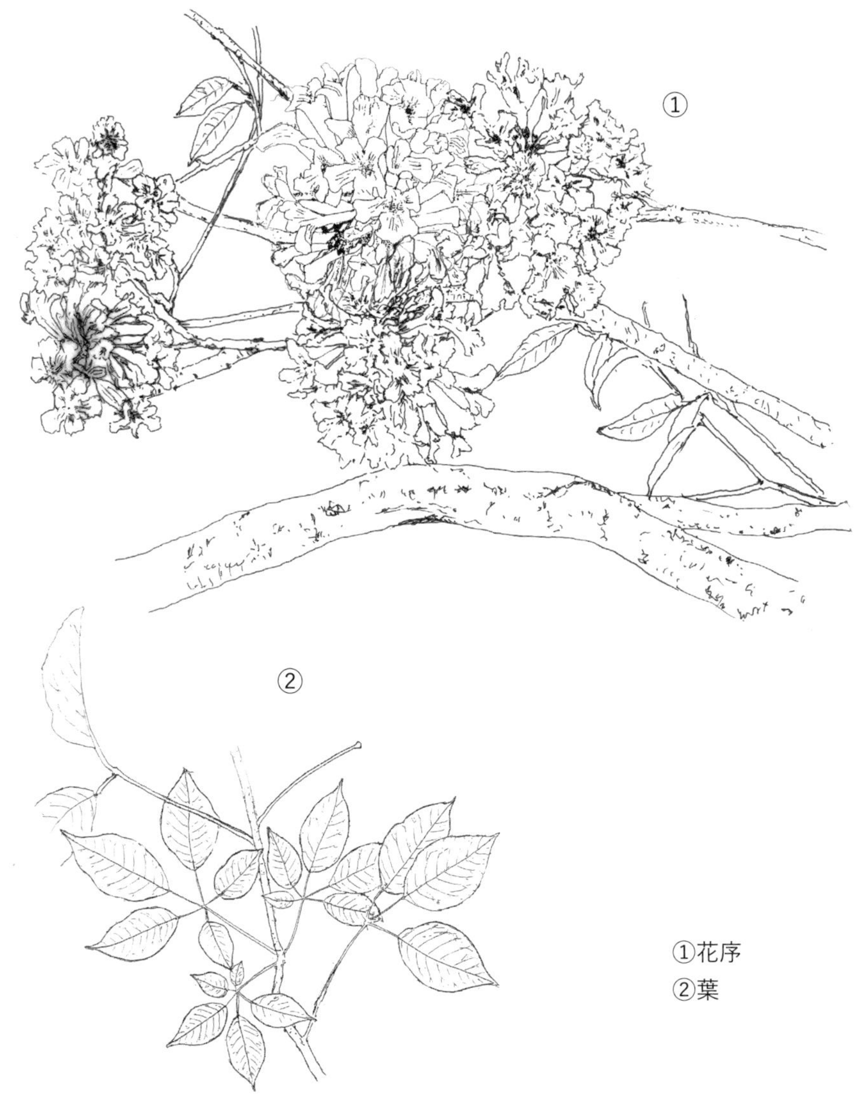

①花序
②葉

高木で樹高 10 m。秋に落葉し、２月に新葉に先立って５㎝程のラッパ状の桃や紫色の花が枝先に集合して咲くが、果実は出来ない。ブラジルの国樹はイッペイではあるが、これはノウゼンカズラ科の花の数種をさす俗称。沖縄では黄色いノウゼンカズラの花がイッペイと呼ばれているが正式にはコガネノウゼンという和名である。材は堅硬で耐久性が強く工作は困難。庭園、公園、街路樹等に適している。イッペイの仲間（ノウゼンカズラ科）にはソーセージノキ、ソリザヤノキ、モモイロノウゼン等がある。最近では「イペー」の名の使用が推奨されている。ブラジル、アルゼンチン、パラグアイ原産。

コガネノウゼン（ノウゼンカズラ科）

落葉小高木で樹高 4~5m。落葉し、3 月に新葉に先立って黄色の花を枝先一面につけるその後、小葉 5 枚の掌状（手のひらを広げたような形）の葉を出す。裏面は細かい毛を密布し褐色に毛羽立って見える。花はロート状で鮮黄色、5 本の雄しべが目立つ。4 月頃には短い毛をまとったソーセージの様な茶色の実が枝先にまとまって多数つき、圧巻である。実が裂開し翼を持つ多数の種子を散布する。1974 年ブラジルから導入された本種を含むタベブイア属の数種類がブラジルの国樹となっている。メキシコ、コロンビア、ブラジル原産。

モモイロノウゼン、ピンクテコマ（ノウゼンカズラ科）

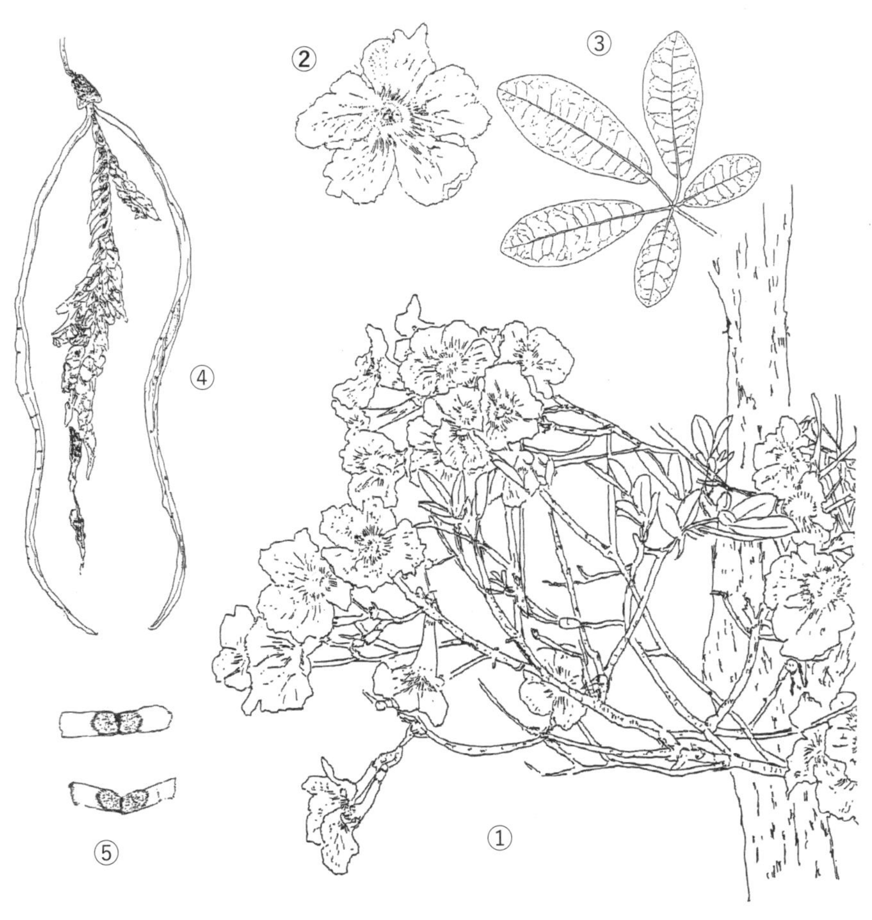

常緑小高木で樹高 3~10 m。葉は 3~5 枚の掌状葉、革質で光沢がある。、4~6 月にはロート状でアサガオに似た淡紅色の花が枝先につき、木全体を覆うように咲く。果実は 10~15 ㎝。イッペイ、コガネノウゼン、モモイロノウゼン等の熱帯の樹木は台風などの強風に弱く、大きな枝でもへし折られる事がある。熱帯アメリカ原産。

①花序
②花の拡大
③葉
④果実(サヤ)と種子
⑤翼を持つ種子

キダチベニノウゼン（ノウゼンカズラ科）

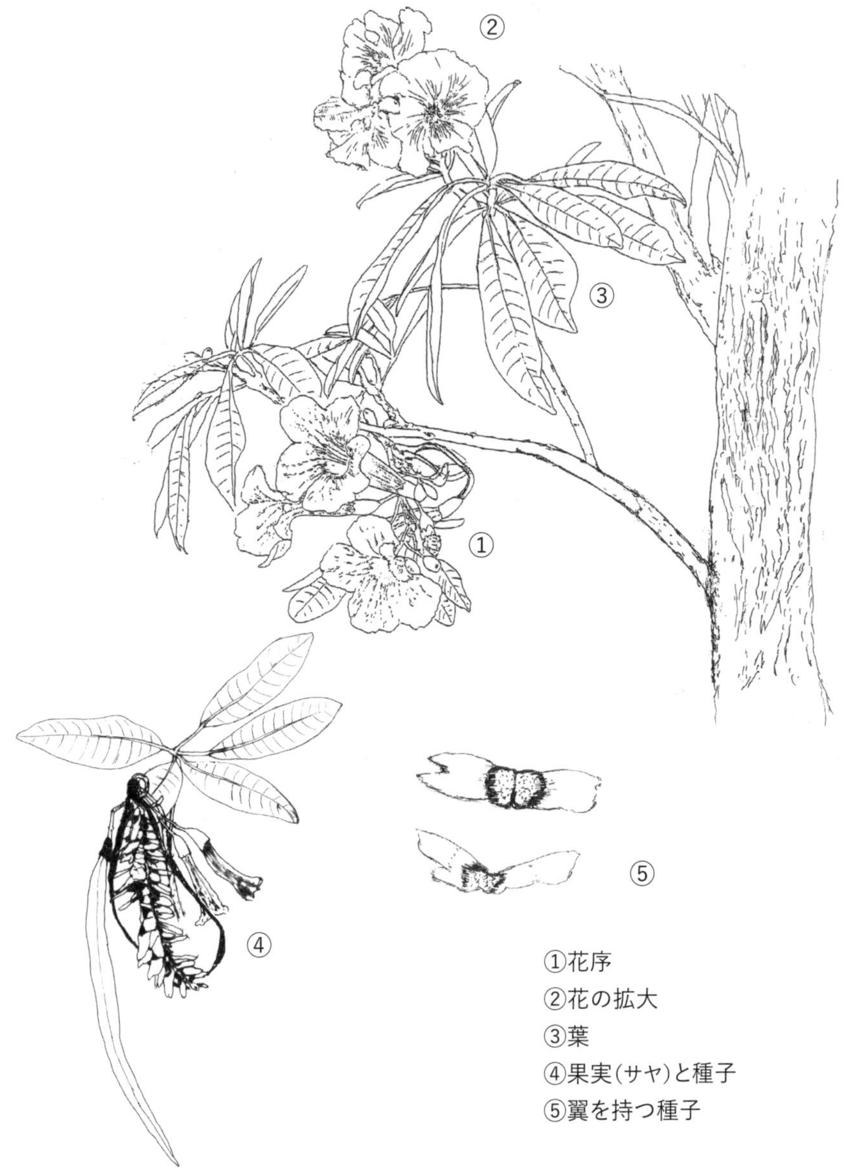

樹高 4~10 m。末吉公園の一角にモモイロノウゼンと共に植栽されている。樹皮は淡白色で細かい裂開がある。葉は革質で光沢があり 5 枚の掌状複葉で 7~20 ㎝。モモイロノウゼンの葉脚は丸いのに対し、本種は葉脚が尖り葉も長い事から見分ける事が出来る。またキダチベニノウゼンの方が種子が大きめである。葉先は鋭頭から尖鋭頭。花は淡桃色、一斉に開花することは無く枝先にチラホラと咲く。庭園木として各方面に植栽されている。中央アメリカ原産。

ビヨウタコノキ（タコノキ科）

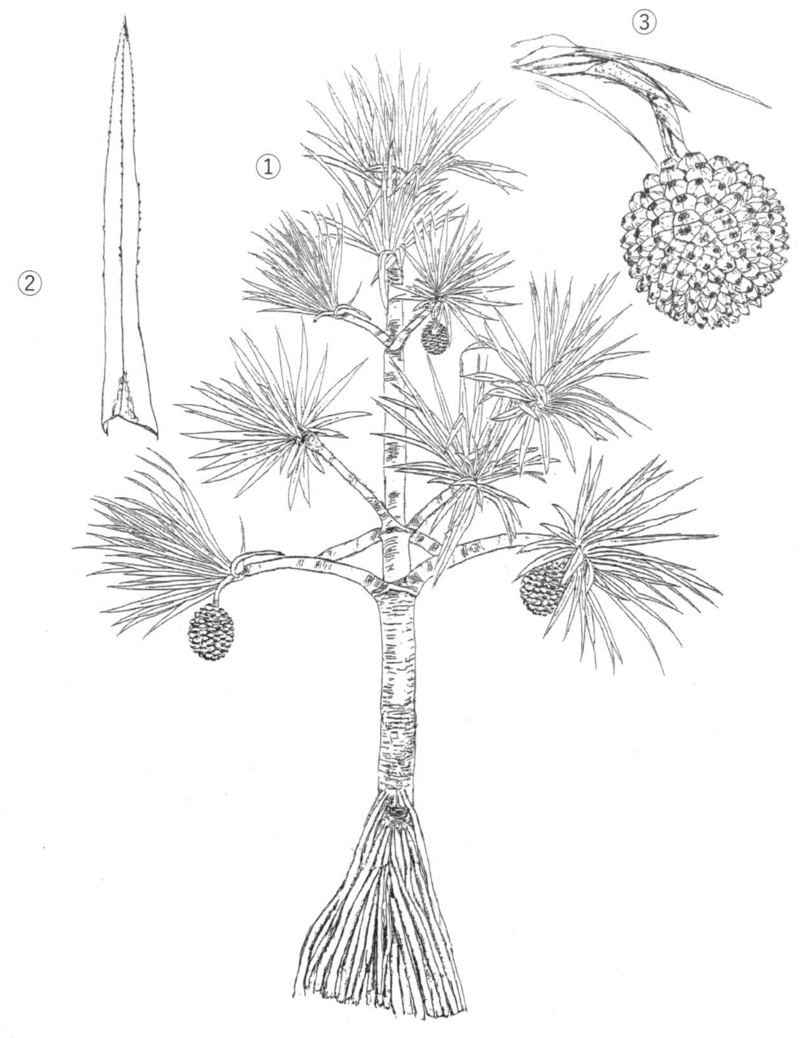

樹高 4~8 m、雌雄異株。高木になるが生長は遅い。アダンによく似る。根元近くには支柱根が多数生ずる。葉は左巻きにらせん状に展開する。樹形が美しく“美葉タコノキ”、葉の縁と裏面の中肋に赤色の刺があるので“アカタコノキ”とも称される。果実は集合果で枝の先から垂れ下がる。原産地では葉が屋根材に使われ、手工芸材としても用いられている。マダガスカル原産。

①枝につく果実
②葉につくトゲ
③果実

サクヤガニユリ（ヒガンバナ科）

①花
①-1 雌しべ(柱頭)
①-2 雄しべ(花粉)
②つぼみ

熱帯アメリカ原産の多年生草本。鱗茎は球形で大きく、葉は光沢があり30~100㎝と長い。花被片は6本、白色の線状でクモの足のように開く。開花は6~9月、夕方から開花し始める。サクヤガニユリのサクヤは元北部農林高校の先生で園芸家の園原咲也氏に対して捧げられた。末吉公園の池に本種を見かける事ができる。熱帯アメリカ原産。

リュウキュウバショウ（バショウ科）　バサウー（沖縄）バサーウー（沖縄）

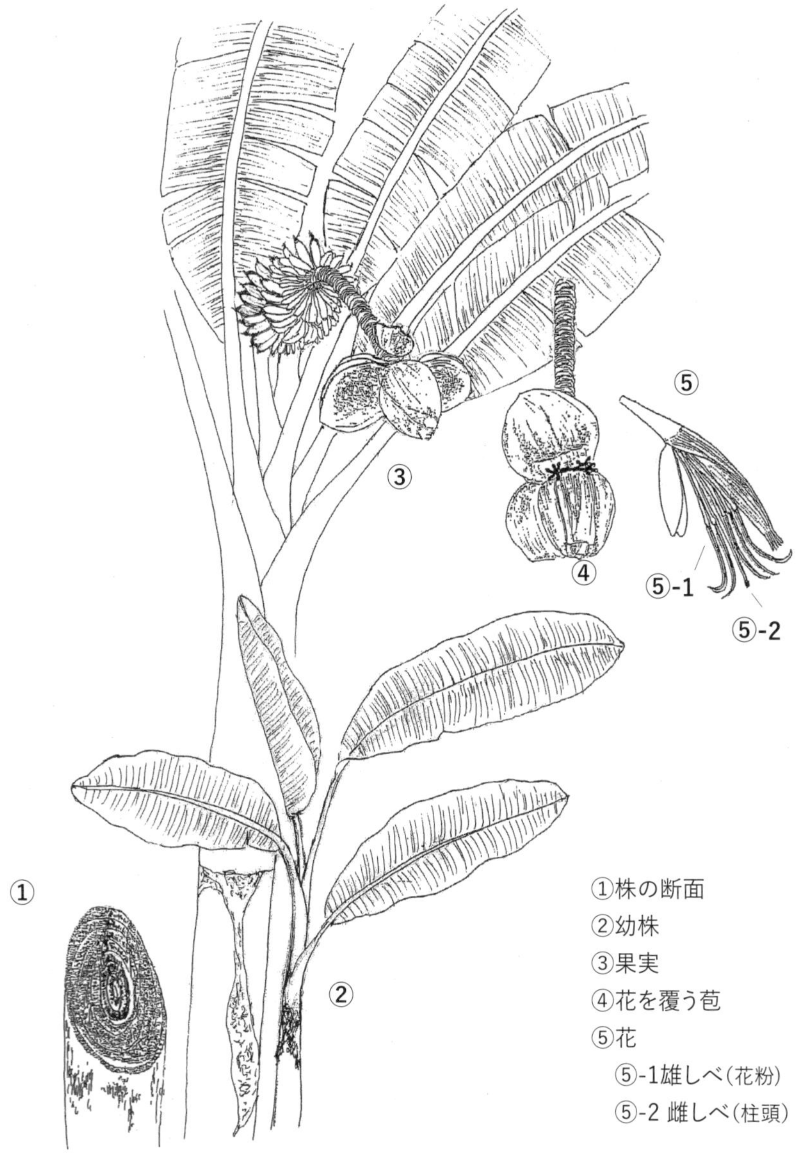

樹高 5~8 m、株を作る大型の多年生草本。葉鞘が巻き重なり偽茎となり円柱形を呈する。葉は長楕円形 70~100 ㎝、幅 20~30 ㎝、無毛で淡緑色、下面はやや粉白色。穂状花序は 1 m以上伸び、先端の花の集合体を覆っている苞は赤紫色で楕円形。基部には果実が数段つくが食することは出来ない。中には黒い種子が多数ある。芭蕉布、芭蕉紙の原料として沖縄では重要な植物である。イトバショウともいう。熱帯アジア原産。

オウギバショウ（バショウ科）

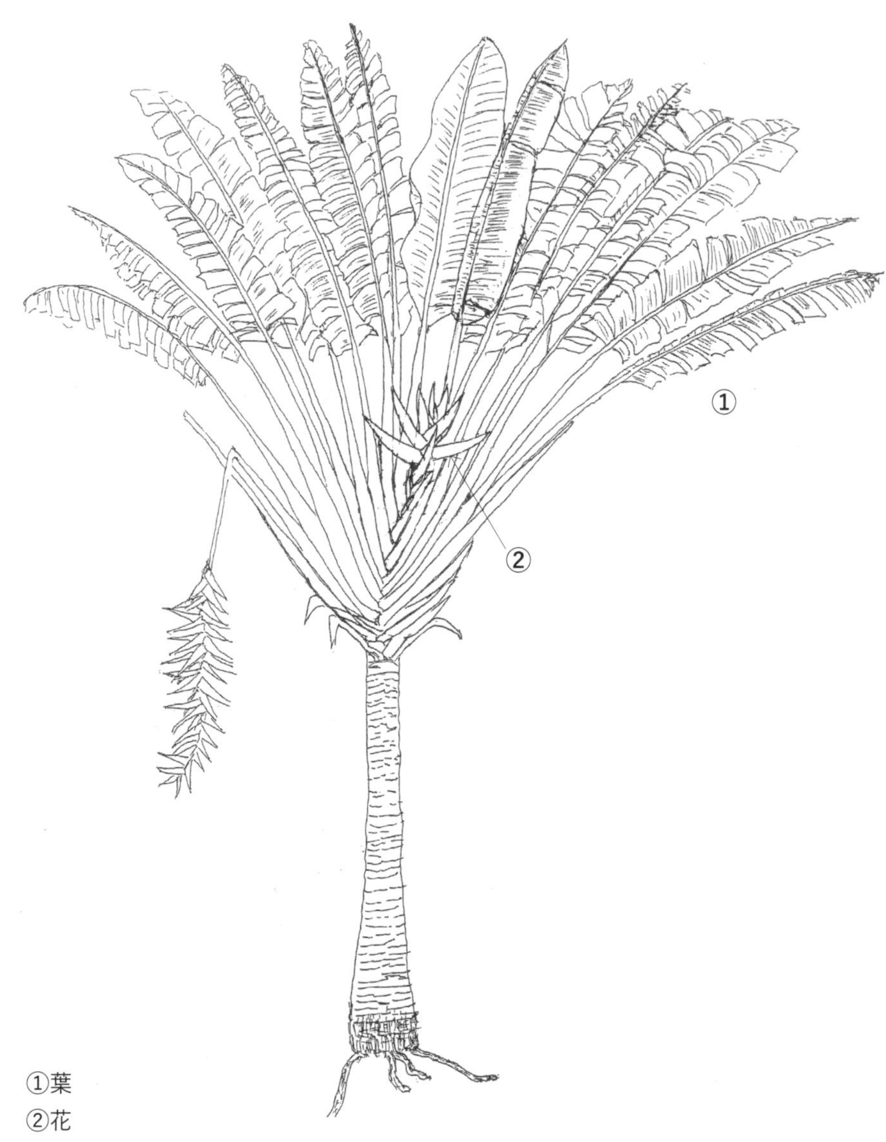

①葉
②花

樹高 7~20 m、幹は直立し分岐しない。湿地に生える。バナナに似る葉は 2.5 m程で葉柄は長く、葉は 2 列に互生する。花序は葉腋から出て花は白色、ゴクラクチョウカに似る。樹形が扇に似ることからオウギバショウと称され、葉鞘部に水がたまり旅人の乾きを潤した事から「タビビトノキ」とも言われる。マダガスカル原産。

チョウシチク（イネ科）

マータク（沖縄）

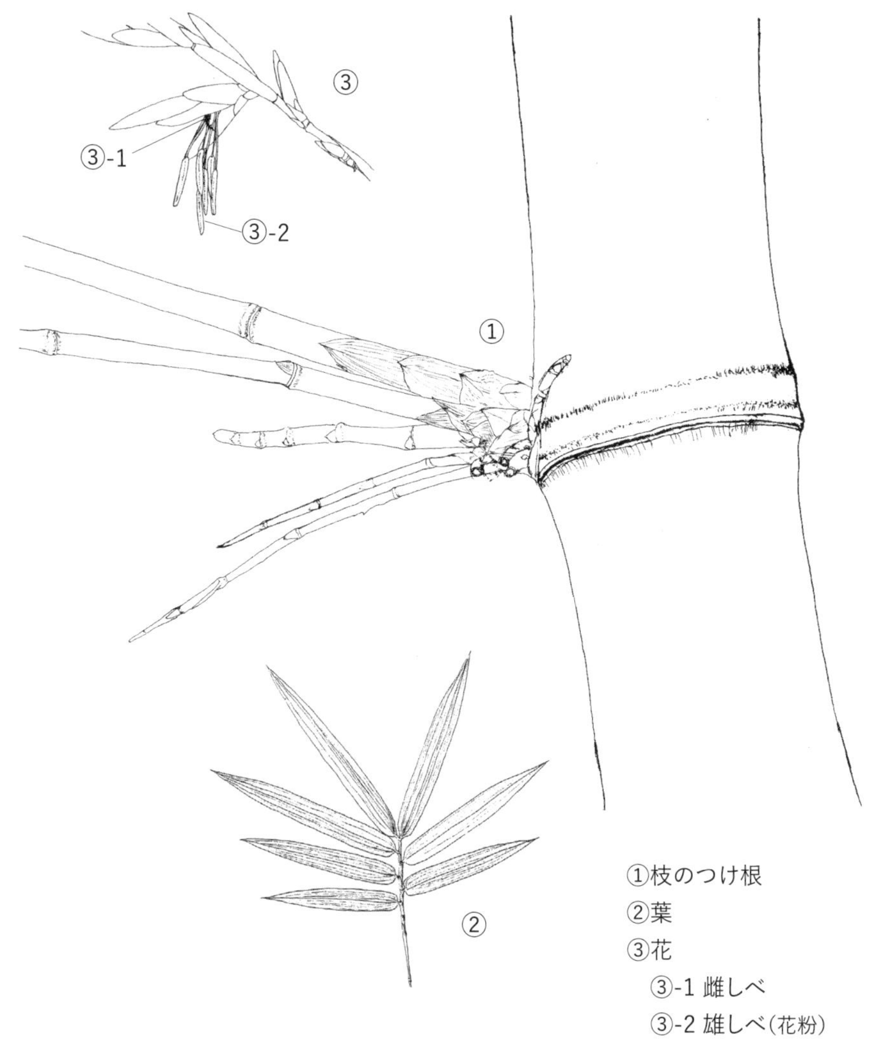

樹高 4~10 m、径 4~6 ㎝、稈は多数生じ、緑色から青白色、稈肉は 5~12 ㎜。節から長い枝が出る。竹の皮には茶色の毛があり、葉は 10~20 ㎝。材は柔らかく脆弱で耐久力に乏しい。竹は花が咲くと枯れていき世代が変わる。末吉公園のチョウシチクも 2020 年 5-6 月に花が咲き、2021 年から枯れ始め 2022 年には撤去された。沖縄では 1925 年頃に台湾から導入され、石垣島で屋敷林として栽培され利用された。耕作地の防風林、庭園などに利用される。ビルマやフィリピンの南方では建築材として用いられ、タケノコは食用となる。台湾、中国原産。

ホウライチク（イネ科）

ウビダキ(沖縄)
ンヂャダギ(与那、久志、首里)

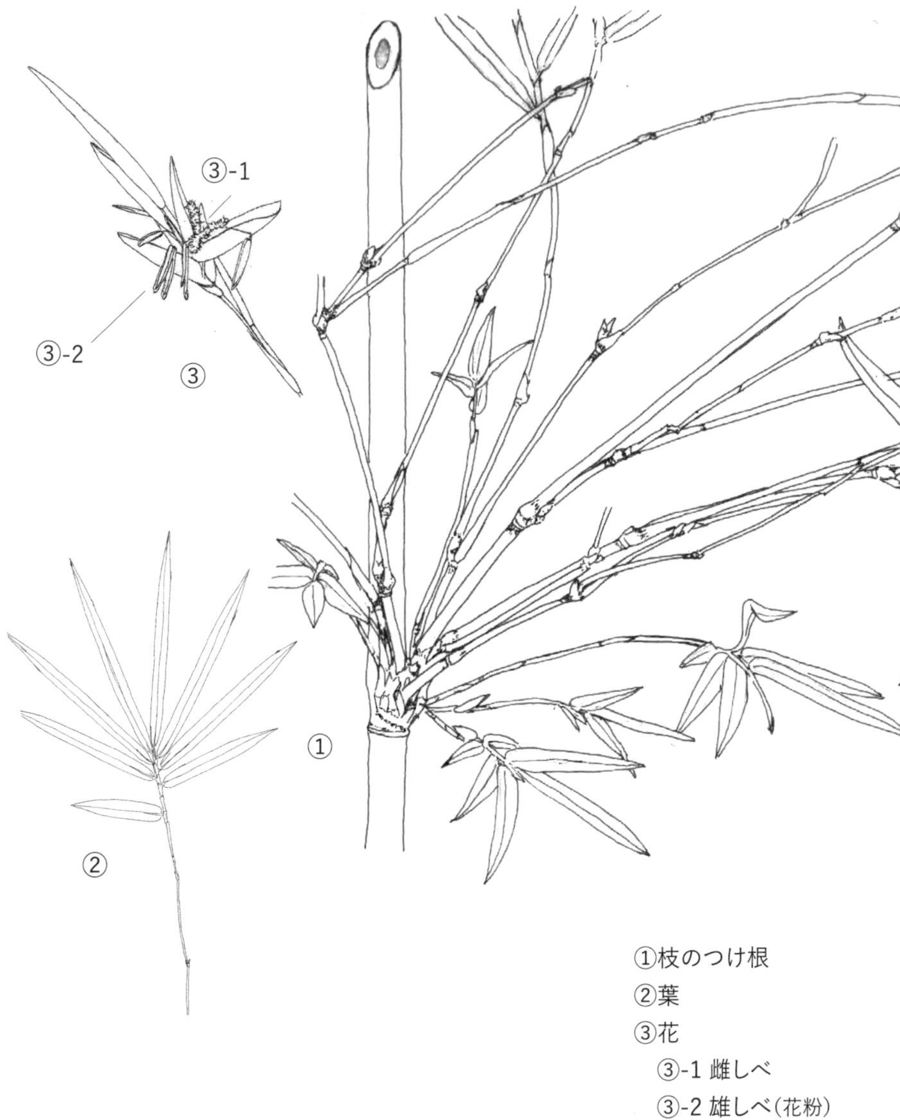

①枝のつけ根
②葉
③花
③-1 雌しべ
③-2 雄しべ(花粉)

樹高2~6m、稈は多数生じ株立ちとなる。径は2~3㎝で緑色。節から細い小枝が多数出る。葉は長く6~15㎝。材は細く、耐久力には乏しいが弾力性に富むので民芸品等に利用される。また生垣、猪垣、防風用として植栽される。2016年に末吉公園内のホウライチクに花が咲き一部が枯れている。熱帯アジア、東南アジア原産。

シホウチク、シカクダケ（イネ科）

シカクダキ（首里）

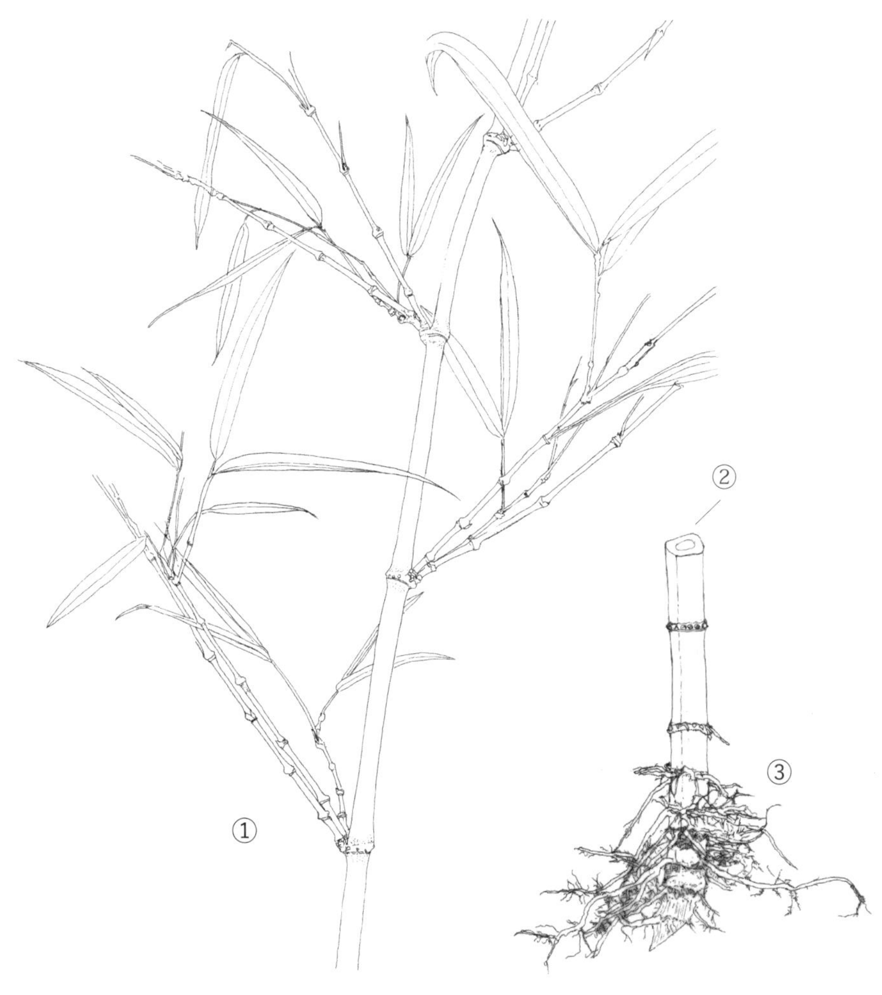

①枝のつけ根
②稈の断面
③根

樹高5~6m、稈の断面は丸みを帯びた正方形で名の由来となっている。稈の径は2~6㎝、節間は20~30㎝。下方の節には短い刺状の触れるとチクチクする気根があるが、生長すると根となっていく。葉は両面に毛があり15~20㎝、先端は垂れ下がる。タケノコは秋から冬に生じ、匂いやクセが無く食用に供され美味。中国南部、台湾原産。

ホテイチク（イネ科）

クサンダキ（沖縄）、チンブクダキ（沖縄）

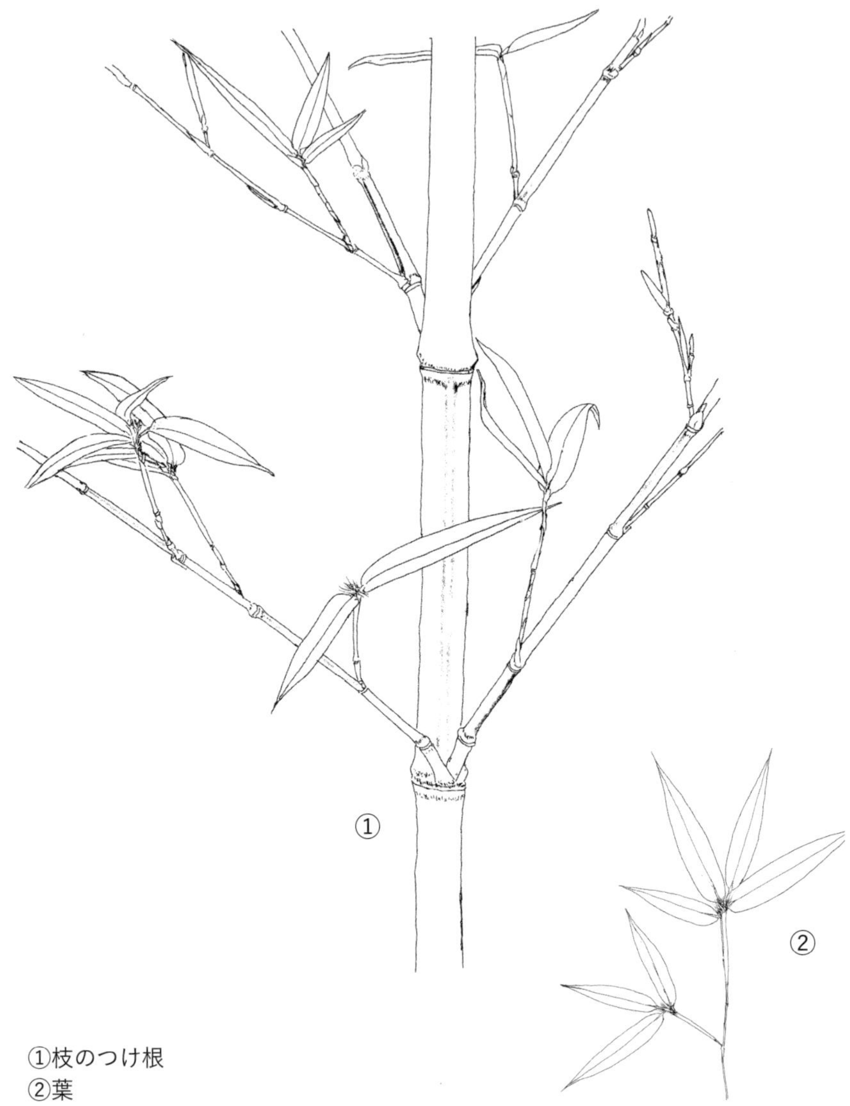

①枝のつけ根
②葉

樹高8~10m、稈径3~5㎝。根本近くの節間が極端に短く膨れるので観賞用として好まれる。枝は節より2本出る。葉は披針形で7~10㎝、竹の皮は紫褐色を帯びる。琉球王朝時代に導入され各地で栽培されたので群落を見ることが多い。末吉集落では集落の管理の下にあったが、現在では亡失した。防風林や生け垣として利用され、稈は釣り竿、杖などに用いられた。3~4月に美味なタケノコが生じる。布袋竹、中国原産。

トウチク（イネ科）

トゥーチク(沖縄)

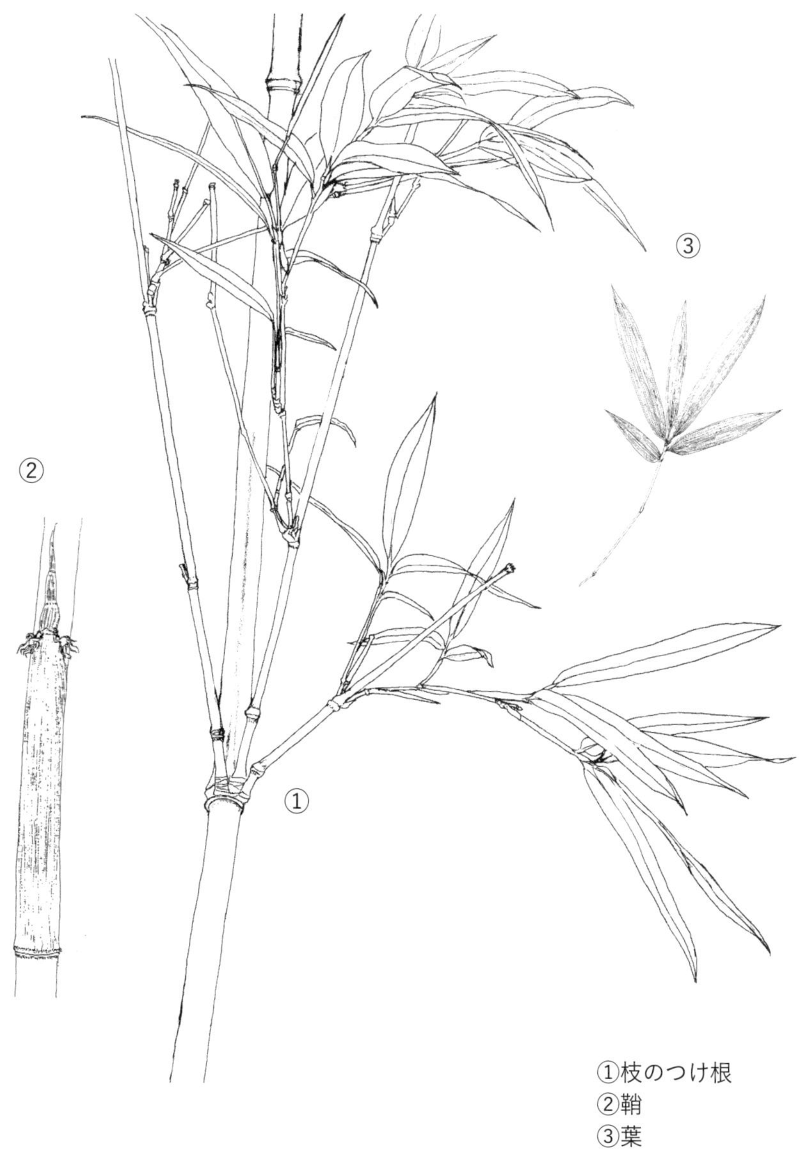

①枝のつけ根
②鞘
③葉

樹高2~8m、日本の竹類の中では節間が最も長く60㎝程で稈径は2~6㎝。枝は各節から3~5本出て縦に細い線がある。葉の裏面は毛が密生して白く見える。昭和の初期頃には黒糖樽の帯材として本島北部や西表島などで栽培された。皮も美しく鑑賞の対象となり得る。笛の材料として用いられる。ダイミョウチクとも呼ばれる。中国、台湾原産、一説には日本原産とも。

ユスラヤシ（ヤシ科）

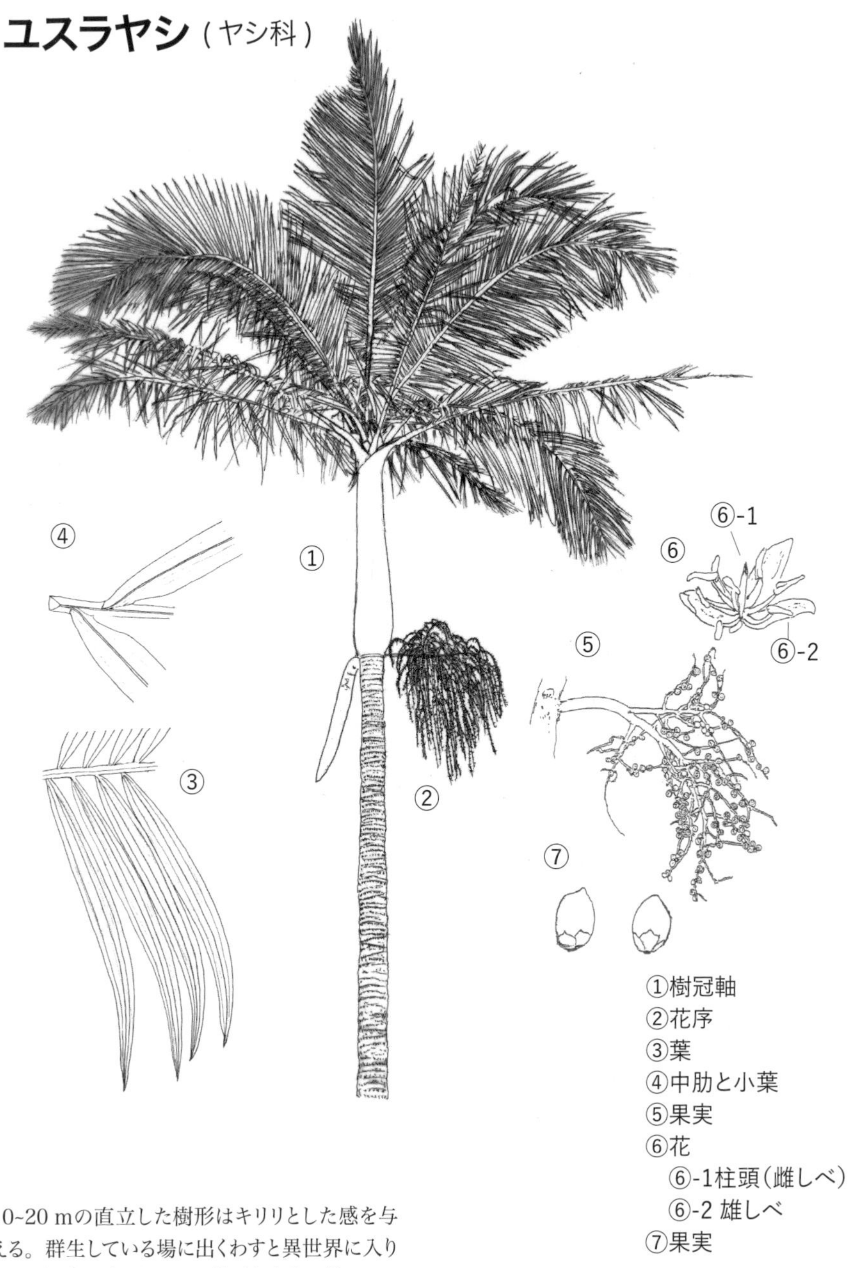

①樹冠軸
②花序
③葉
④中肋と小葉
⑤果実
⑥花
⑥-1柱頭（雌しべ）
⑥-2 雄しべ
⑦果実

10~20 mの直立した樹形はキリリとした感を与える。群生している場に出くわすと異世界に入り込んだように感じられる。葉が上向きに付いているのが清楚感を与える。幹は灰褐色で環紋がある。葉柄は 10~30 ㎝、葉身は羽状複葉で 3 m程、葉鞘は緑色でツヤがあり大きく幹を包む（樹冠軸とも言う）。葉の下面は緑白色、先端は尖る。白色やクリーム色の花は単生で 3~10 月に咲く。果実は 1 ㎝程で 9 〜 12月頃に熟し赤色になり、ユスラウメに似ているのでその名がある。雌雄同株。オーストラリア原産 。

コモチクジャクヤシ（ヤシ科）

樹高 7~10 m、株立ちになる。葉は2回羽状複葉、小葉は魚の尾びれのようで先端は不規則な鋸歯がある。花は小さく赤桃色で肉穂花序に多数つく。果実は球形で 1 ㎝程、紫赤色を帯びる。種子は黒褐色。雌雄同株で雌花のみ、雄花のみがまとまってつく。幹の先端に雄花、直下に雌花、雄花、雌花が次々に咲き出し、最下の花が咲き終わるとその株は枯れる。末吉公園のコモチクジャクヤシも 2024 年に最下の花が咲き出し幹は枯れ始めている。新しい株はクロツグと同様に地下茎から発生する。インド東部、中国南部、東南アジア原産。

ヤマドリヤシ(アレカヤシ)(ヤシ科)

①環状紋のある幹
②果実
③花
④樹冠軸から出る花

樹高 7.5~9 m、径は 15 ㎝、淡黄色から灰褐色、白粉をかぶり環状紋があり竹の節に似ている。根際から株を分岐し、多数林立させる。葉は羽状複葉、小葉は 40~60 対、雌雄異株。花序は 50 ㎝、花は白色で 5 ㎜と小さい。2 ㎝程の果実は9～11月頃に橙黄色から紫黒色に熟し、甘味がある。以前はアレカヤシと呼ばれていた。鉢植え用として愛用される。マダガスカル原産。

ココヤシ（ヤシ科）

樹高 12~30 m、単幹、径は 30~70 ㎝、密な環状紋がある。雌雄同株で一つの花序の先端部に多数の雄花、下部に少数の雌花がつく。花はクリーム色、雄花は小さく雌花は径 3 ㎝程。果実の先端は 3 稜角の楕円形。一本の木に多数の実がつく。中果被は厚く繊維質からなる。若い果実の胚乳は樹液状で甘味があり飲料として好まれる。成熟すると胚乳は固化し乳白色となりココナッツとして削って食される。ヤシの中では一番ポピュラーである。沖縄でもココヤシが実る。太平洋諸島原産。

①葉柄の間から出る果実
②果実
③花
　③ -1 雌しべ
　③ -2 雄しべ

プリンセスヤシ（ヤシ科）

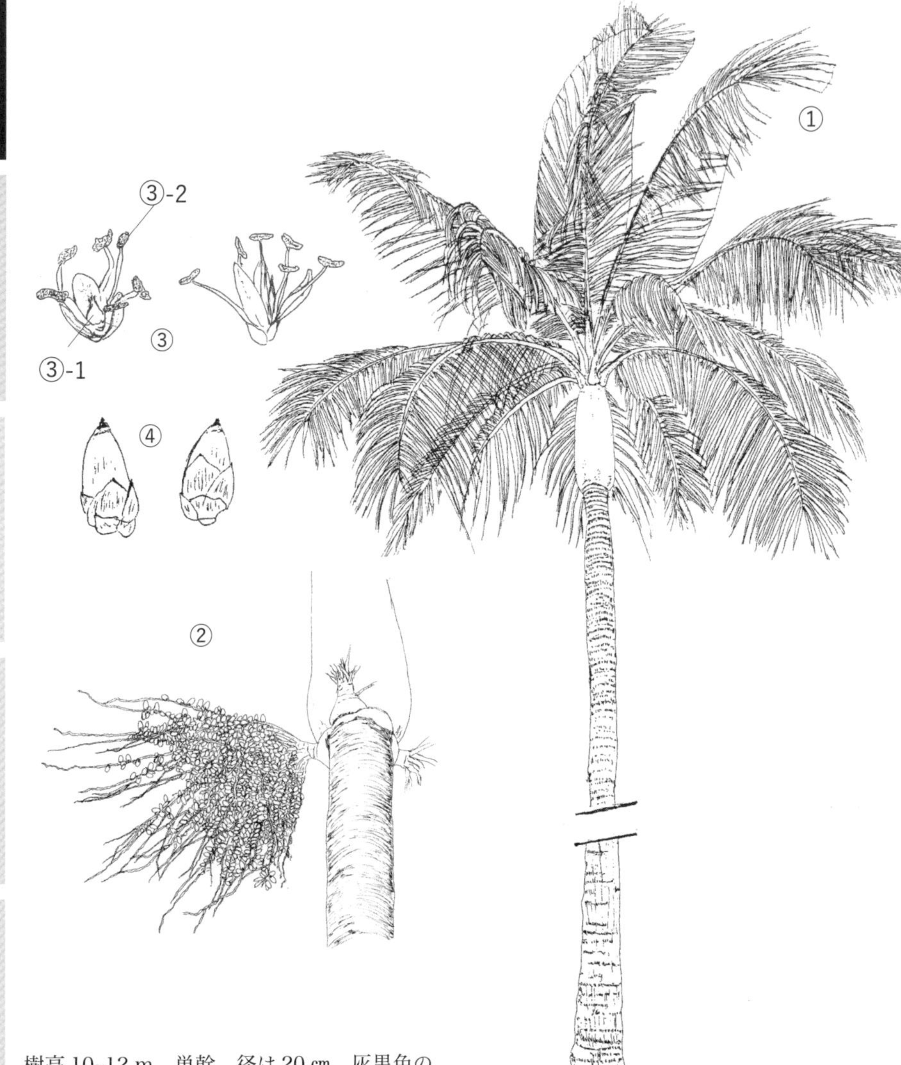

樹高 10~12 m、単幹、径は 20 ㎝。灰黒色の基部は膨らみやや密な環状紋がある。樹冠軸は粉白。葉は羽状複葉で弧を描く、小葉の先端部は垂れ下がる。新葉の小葉の先端は紐で連ねた様に見える。雌雄異株。花序は樹幹軸の下部に生じ 60 ㎝、緑色で多数に分岐する。花は黄白色で芳香がある。果実は長楕円形で 2 ㎝、紫黒色に熟する。細く長い幹に長い葉がつき楚々とした樹形はプリンセスヤシの名にふさわしい。マスカレン諸島原産。

①葉先のつらなる葉
②果実
③花
　③-1 雌しべ
　③-2 雄しべ
④果実

トックリヤシ（ヤシ科）

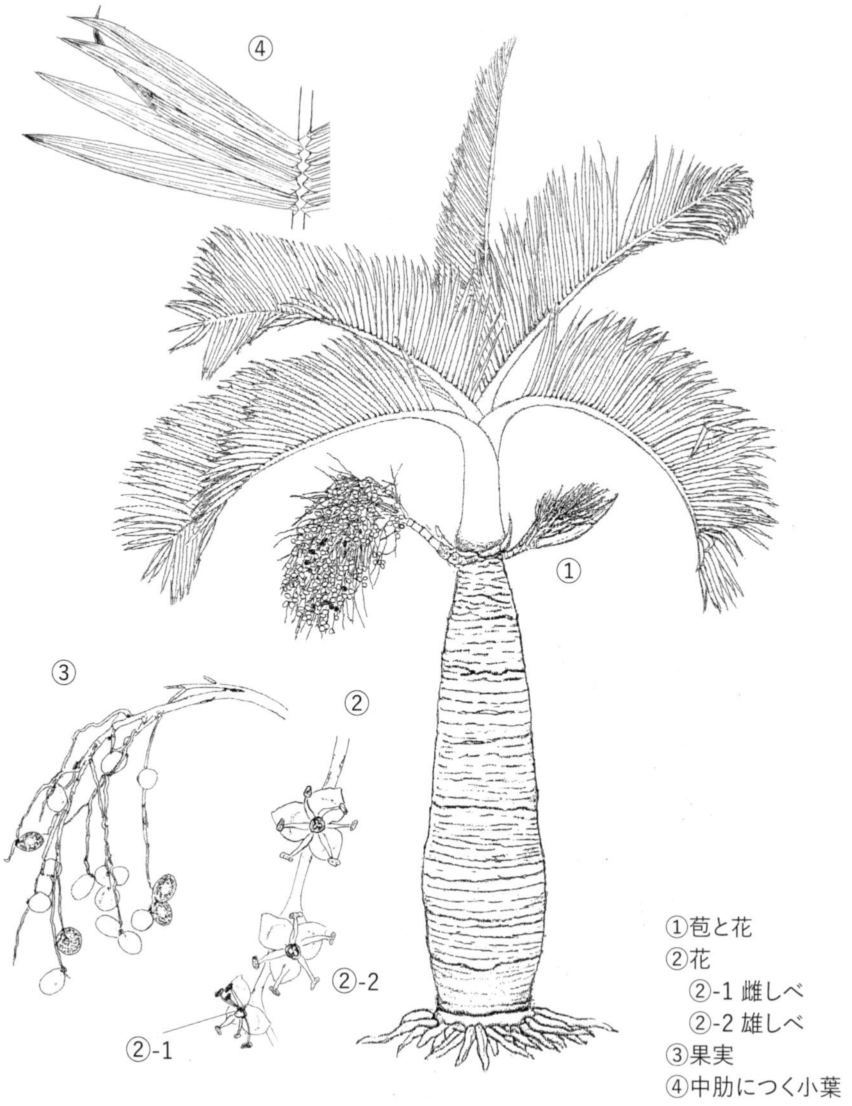

樹高 1.5~2 m、単幹、幹の下部は太く徳利状となる。密な環状紋があり淡灰褐色。樹冠軸は緑色 ~ 淡褐色。葉は羽状複葉で 4~5 枚と少なく、弓状に曲がり先端は下垂して側方にややよじれる。小葉は対生、葉は上に向く。雌雄同株。花序は樹幹軸下部に生じ、クリーム色の雌花と雄花をつける。果実は楕円形で2~ 5㎝、橙色から黄黒色に熟する。生長が非常に遅く、人丈になるには十年余を要すると言われる。幹は短く太くどっしりしている。葉が幹全体を包むように大きく被り、親父のような安定感がある。マスカレン諸島原産。

トックリヤシモドキ（ヤシ科）

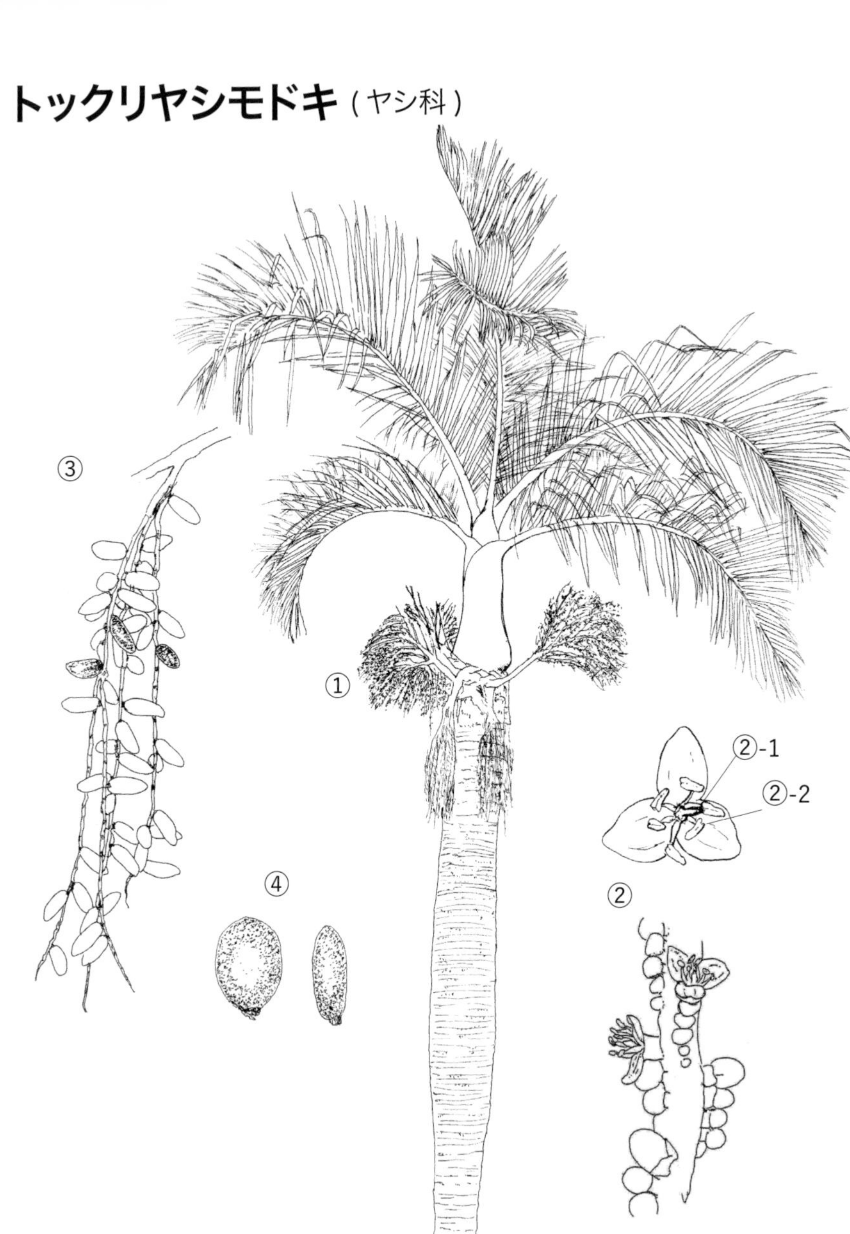

樹高 6~10 m、単幹で淡灰褐色、環状紋がある。下部は太く径 15~20 ㎝程、樹冠軸は基部が膨らみ緑白色。葉は羽状複葉で 2~3 m、弓状に曲がり先端が下垂する。雌雄同株。花序は樹冠軸の下部に生じ 70~80 ㎝、多数に分岐する。1 つの花序にオレンジ色の 4~5 ㎜程の雌花と雄花をつける。果実は細長い楕円形で 1~2 ㎝、黒熟する。マスカレン諸島原産。

①花序
②花
　②-1 雌しべ
　②-2 雄しべ
③果実
④果実

ソテツジュロ（ヤシ科）

①幹
②苞と花
③雄花序
④雄花
⑤果実
⑥果実のついた軸

樹高 3~4 m、単幹、径は 20~30 ㎝。ソテツの幹に似た密な葉柄痕がある。葉は羽状複葉 1.8~2 m、弓状に曲がり先端は下垂する。小葉は 30~45 ㎝、対生し羽軸（葉の軸）に対して上下に様々な角度でつく。雌雄異株。花序は葉の間に生じ、多数に分岐する。主軸は扁平状となり雄花序は 40~50 ㎝、雌花序は 60~80 ㎝。花はクリーム色。果実は楕円形 9~10 ㎜、黒紫色に熟する。フィリピンではこの果実をお米に混ぜて食する。台湾、南中国、フィリピン（バタン諸島）原産。

シンノウヤシ（ヤシ科）

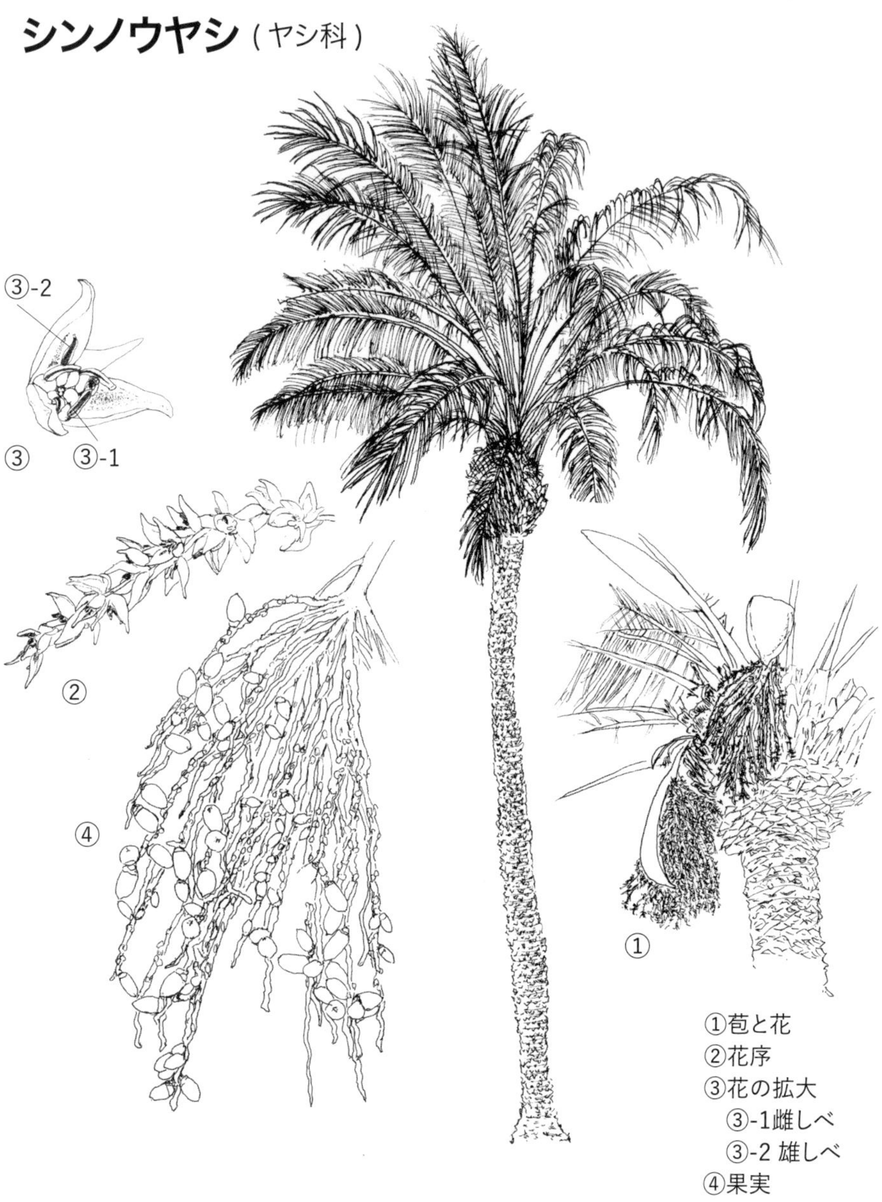

①苞と花
②花序
③花の拡大
③-1雌しべ
③-2 雄しべ
④果実

樹高 2~3 m、単幹、径 10~20 ㎝、葉柄基部が角状突起となって残る。幹の上部と葉柄基部は茶褐色の黒色繊維をまとっている。葉は 1~2 m、羽状複葉でやや弓状に曲がり全体的に柔らかい感じがする。小葉は 40~50 対、羽軸に対してほぼ水平につく。雌雄異株。花序は黄褐色で苞は 30 ㎝程になる。花はクリーム色で芳香があり小さい。果実は 3 ㎝で 9~10 月に紫黒色に熟す。以前はフェニックスと呼ばれていた。インド（アッサム）、ミャンマー、インドシナ半島、台湾原産。

ダイオウヤシ（ヤシ科）

樹高 12 m程、径 60~80 ㎝、幹は滑らかで灰白色、浅い環状紋があり生長に伴って中央部がやや肥大する。樹冠軸は光沢があり、緑色で 1 m程。葉は羽状複葉で 2.5~3 m、葉柄は 60 ㎝程、緑色で光沢のある線形の小葉は、羽軸に対して上下様々な角度につき、先端部は下垂する。雌雄異花同株。1 mの花序は樹冠軸下部につき、クリーム色で多数分岐する。花は白色 ~ 褐色、果実は倒卵形で紫褐色に熟する。フロリダ、キューバ原産。

マニラヤシ（ヤシ科）

樹高 4.5~7 m、単幹、径は 16~20 ㎝、灰褐色で密な環状紋がある。樹冠軸は淡緑色で 60~90 ㎝、葉は羽状複葉で 1.7~2 m、葉柄は 10~15 ㎝、羽軸は弓状に湾曲する。小葉は羽軸に対して立ち上がり先端は下垂する、小葉の先は不整形でノコギリ状。雌雄異花同株。花序は樹冠軸下部に生じ 45~50 ㎝、クリーム色で3回分岐する。花は白色から黄緑色、果実は 3㎝程の楕円形で鮮紅色に熟する。フィリピン原産。

①樹冠軸より出る花序
②葉先のつらなる葉
③果実
④花序
⑤花
　⑤-1雌しべ
　⑤-2雄しべ
⑥果実
⑦根本は太くなる

コラム①

グラウカモクマオウってどんな木

沖縄にはトキワギョリュウなどのモクマオウが多く植栽されている。末吉公園でもかつて「チャーギ道」と呼ばれていた石畳道沿いに、モクマオウがそびえたっている。一方、末吉公園の入口、西側の階段をくだっていくと左側のフクギ並木の手前に小ぶりなモクマオウが2本植栽されている。これがグラウカモクマオウである。樹皮の色が灰色を帯びた（グラウカ）モクマオウということでその名がついている。木は高さ 10 ～ 15m、直径 1m ほどになる針葉樹で、小枝は松葉の様に細い。

2023 年 3 月、それまで見たことのない観察をすることができた。それはグラウカモクマオウの緑の小枝の中に赤いヒラヒラした径 5 ～ 8mm ほどの細い毛が集まった耳かきの綿のような花だった。その花は一つの小枝に 7 個ついていて、その下方には薄桃色のツクシを小さくしたような花がついていた。上方の赤いヒラヒラの花は花粉をつけていたが、下方の花には変化がなかった。赤いヒラヒラしていたのは雄花で、下方のツクシのような花は雌花であることがわかった。それから 3 ヶ月後の 6 月には 5mm ほどの実ができ、9 月には、茶色に完熟し、落下したのをキジバトなどが啄んでいた。

また、この花のついている小枝の先端は白っぽく、ルーペ（20 倍）で見ると小枝の節に極小の 16 個の鱗片葉を見ることができた。こんなに小さい葉があのような大木を育てているのかと思うと感無量である。野外でモクマオウの観察を楽しむのも粋でいいのでは。

グラウカモクマオウ（20224.3.20）

16 本の鱗片葉（2023.3.17）

【コラム②】

女王様のような花柱、アメリカフウロ

アメリカフウロは北米原産で、沖縄には伊江島に戦後帰化したと言われる。今では沖縄の道端など至るところで見ることができる。全体に白い軟毛を布き、茎は基部からよく分岐して高さ 40 ㎝ほどになる。葉は長い柄を持ち、円形で 5 深裂してさらに細裂する。花は 1 月頃より 5mm ほどの深紅色～白色の 5 弁花を 2 本の花柄に 2 つづつつける。発芽した後に年を越し成長し、花や果実をつけ、その年に枯れる 2 年生草本である。

アメリカフウロの特筆すべきことはその種子の散布方法である。アメリカフウロの雌しべの基部にはふくれた子房があり、先端には柱頭がある。子房と柱頭の間は長く、ほぼ円柱形を呈し、花柱と呼ばれる。果実は成熟すると花柱突起の根本から 5 列に裂け、花柱突起の先端の柱頭近くまで、はじけて巻き上げられる。花柱突起は長さ 12 ～ 18mm で毛を有する。同じフウロソウ科のゲンノショウコは「みこし草」という俗称があり、アメリカフウロと同じ様にはじけて種子を散布する。

1 個の黒い果実には 1 ～ 1.5mm のゴマ粒のような黒い種子が 1 個ある。種子を散布し初夏を迎える頃にはアメリカフウロの葉は赤みを帯び枯れていく。

また来年アメリカフウロに会うのが楽しみだ。

アメリカフウロの白い花（2021.2）

熟した実がはじけて巻き上がった様子（2023.4）

Ⅱ　草本植物 1

一般に雑草の仲間で、栽培植物の周辺、花壇、道端、空き地などに生育しいている植物。イネ科、キク科、マメ科など。

シマキツネノボタン（キンポウゲ科）

ムムグヮーグサ（首里）
ハチグミグヮーグサ（首里）

①花
②果実
③根

日当たりの良い草地に群れて生育する2年生草本で葉が牡丹に似る。草丈は 15~50㎝で株全体に粗毛がある。年末から4月にかけて4~ 6枚の黄色の艶のある花弁を夕方から開花させる。4日ほど咲き続けた後白くなって散る。花の中心部にある先の尖がったコンペイトウのような実は緑色から薄黄色となる。草丈が70㎝にもなる「キツネノボタン」は、粗毛が少ないか無毛で本種と区別される。シマキツネノボタンは猫に対して毒性があると言われている。

コメツブウマゴヤシ(マメ科)

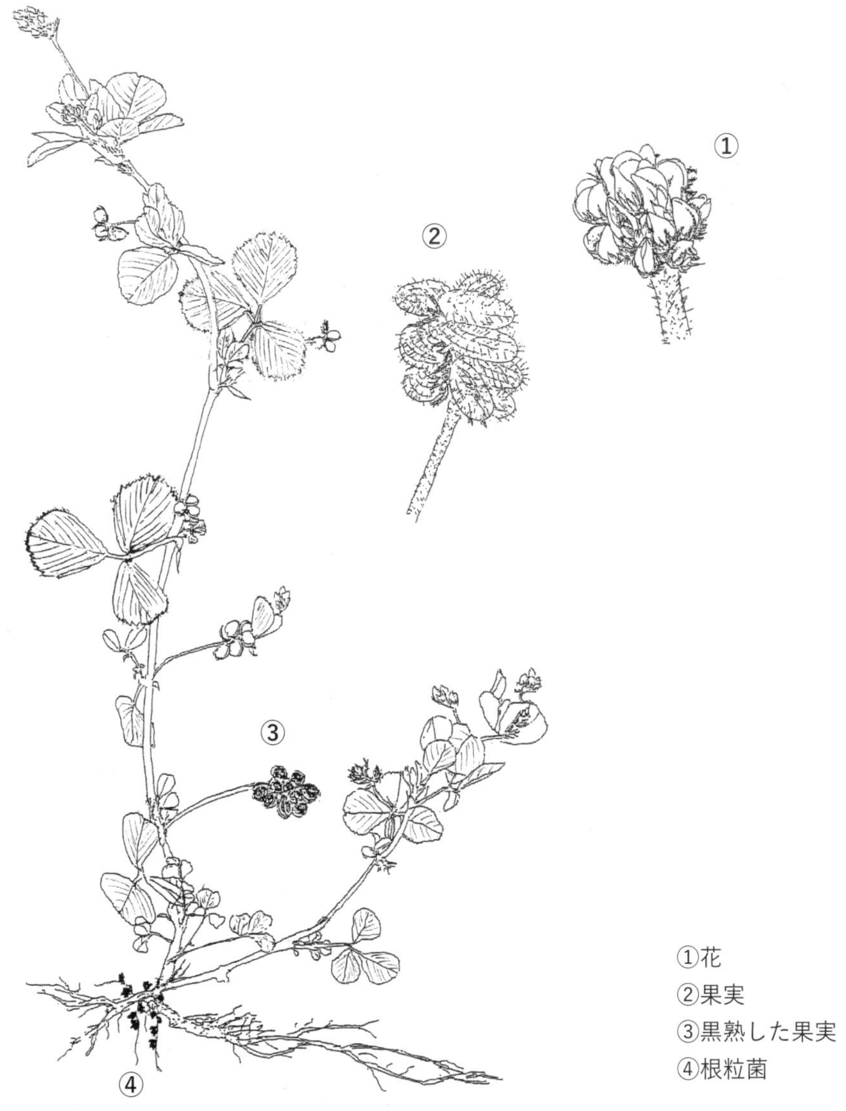

①花
②果実
③黒熟した果実
④根粒菌

草丈は 10~50㎝、全体に毛があり葉は三出複葉。2~3㎜の小ぶりの黄色の花が年末から5月にかけて咲く。3㎜程の緑色の果実が階段状にせり上がるようにつき、完熟すると黒色になる。本種と同様に馬や牛の飼料となる「ウマゴヤシ」はコメツブウマゴヤシより大型で、果実にはイガグリ状の硬い毛がある。両種共に根粒菌を持ち、草地などでよく見かけられる。江戸時代に日本へ入り定着した。ヨーロッパ原産の帰化植物。

アメリカフウロ(フウロソウ科)

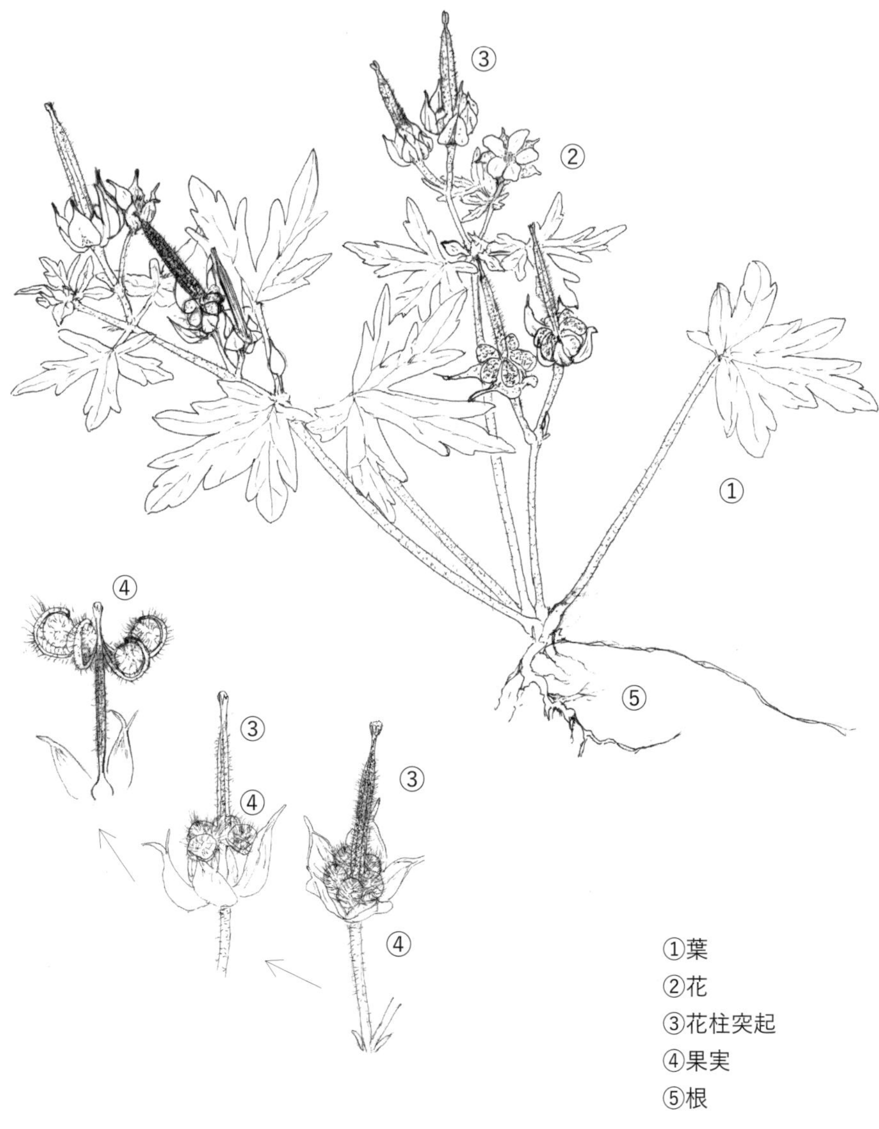

①葉
②花
③花柱突起
④果実
⑤根

薄桃色や白色の8㎜程度の花弁を持つ2年性草本。株全体に毛がある。草丈は20~30㎝、花の後には柱頭が長く伸び、サヤを持つ花柱突起となる。サヤは熟すると裂けて外側に巻き上がり、種子を柱頭の先まで運ぶ、熟すると4から5個の黒い果実が弾けて飛び、風によって散布される。葉や萼は紅色となり秋のような風情を醸しだす。戦後に帰化した。北アメリカ原産。

コマツヨイグサ(アカバナ科)

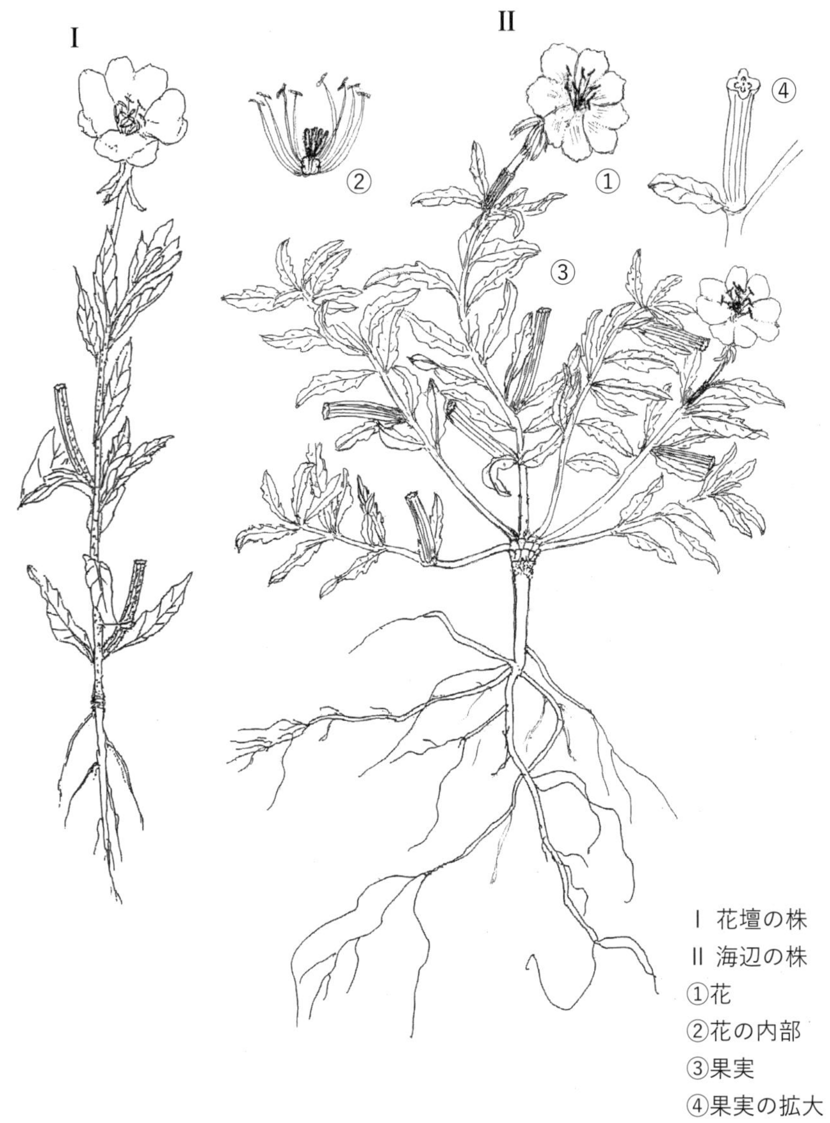

Ⅰ 花壇の株
Ⅱ 海辺の株
①花
②花の内部
③果実
④果実の拡大

2年生草本で海岸べりや草地に生育する。草丈は20~60㎝で、夕方から濃い黄色の花が開花し始め、夜間に橙色になりしぼんでしまう。Ⅱは糸満市米須の海岸の標本で、根元から茎が多数に分岐しロゼット状で冬を越し、2月頃から花をつけはじめる。一方Ⅰの末吉公園の花壇の標本では茎は直立しロゼットを作らず5月頃から花をつける。果実の形はⅠとⅡとほぼ同じであった。戦後に帰化したと言われている。北アメリカ原産。

ルリハコベ(サクラソウ科)

①花
②果実

2年生草本で草丈は10~30㎝、ルリ色の5枚の花びらをつける。葉は卵形、葉柄は無く対生で裏面には黒点がある。沖縄には黄赤色のアカバナルリハコベがチラホラ分布する。年配の方の記憶によると本種を揉んで液を出し、珊瑚礁の潮溜まりや川辺に流し込んで(ササ入れ)魚を獲ったとの事。可憐な小型の花に似合わず毒を持っているようである。草むらの中の小さなルリ色が季節を感じさせる。ヨーロッパ原産。

リュウキュウコザクラ(サクラソウ科)

2年生草本で草丈は5~15cm。花径は4~5mmで5枚の白色の花弁の中心は黄色味を帯びる。株全体に軟毛があり、葉は5~15mmの卵円形で葉の縁には鋸歯がある。花の中心にある丸い果実は熟するとはじけて種を散布する。道ばたや草むらで見つけると嬉しくなる可憐な花。リュウキュウコザクラの群落にコケセンボンギクモドキが侵入し、草地の様相が変化しつつある。

①花
②果実
③ロゼット葉
④苞
⑤花柄
⑥萼

キュウリグサ(ムラサキ科)

2年生草本で茎が地面に平行するように5~30㎝程伸びる。花期は2~5月、ゼンマイが伸びていくように先へ先へと花軸を伸ばし、薄紫色の2㎜程の小さな花をつける。葉は互生で揉むとキュウリの匂いがする。同じムラサキ科のハナイバナとよく似ている。本種は薄紫色の花の中心部は黄色、ハナイバナは対生で剛毛があり葉と葉の間にキュウリグサより少し大きい白い花を咲かせる。同じ頃に咲く両種の花を並べて違いを観察するのも面白いのでは?

ヤエムグラ(アカネ科)

ハチコーミンナ(沖縄)

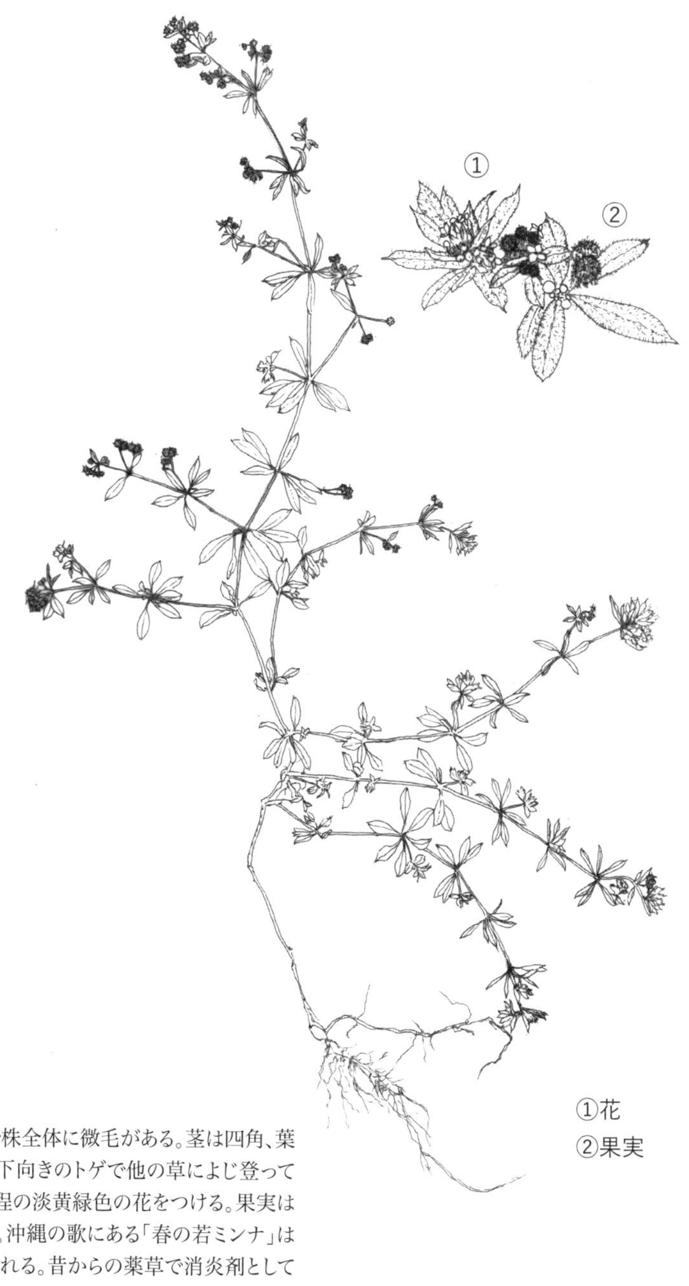

①花
②果実

2年性草本で株全体に微毛がある。茎は四角、葉は輪生する。下向きのトゲで他の草によじ登って広がる。1㎜程の淡黄緑色の花をつける。果実は2個ずつつく。沖縄の歌にある「春の若ミンナ」はこの草も含まれる。昔からの薬草で消炎剤として用いられたとの記録がある。ヨーロッパ原産。

オニタビラコ(キク科)

トゥイヌフィサ（首里）

①舌状花冠
②雌しべの柱頭
③雄しべ

1、2年生草本で草丈は50㎝ほどにもなる。葉は根元から出る。集合花でキクやタンポポの花に似ているが花のつく茎は分岐し、沢山の花をつける。冠毛(綿毛)は白色で3㎜。茎を折ると白い粘液質の液が出る。根は深い直根となり引き抜くのに難渋する。子ども達は冠毛を飛ばして楽しむ。冠毛が出来るのでタンポポと間違えられることがある。

カスマグサ(マメ科)

ガラサマミ（首里)、マミグァーグサ（久高島)

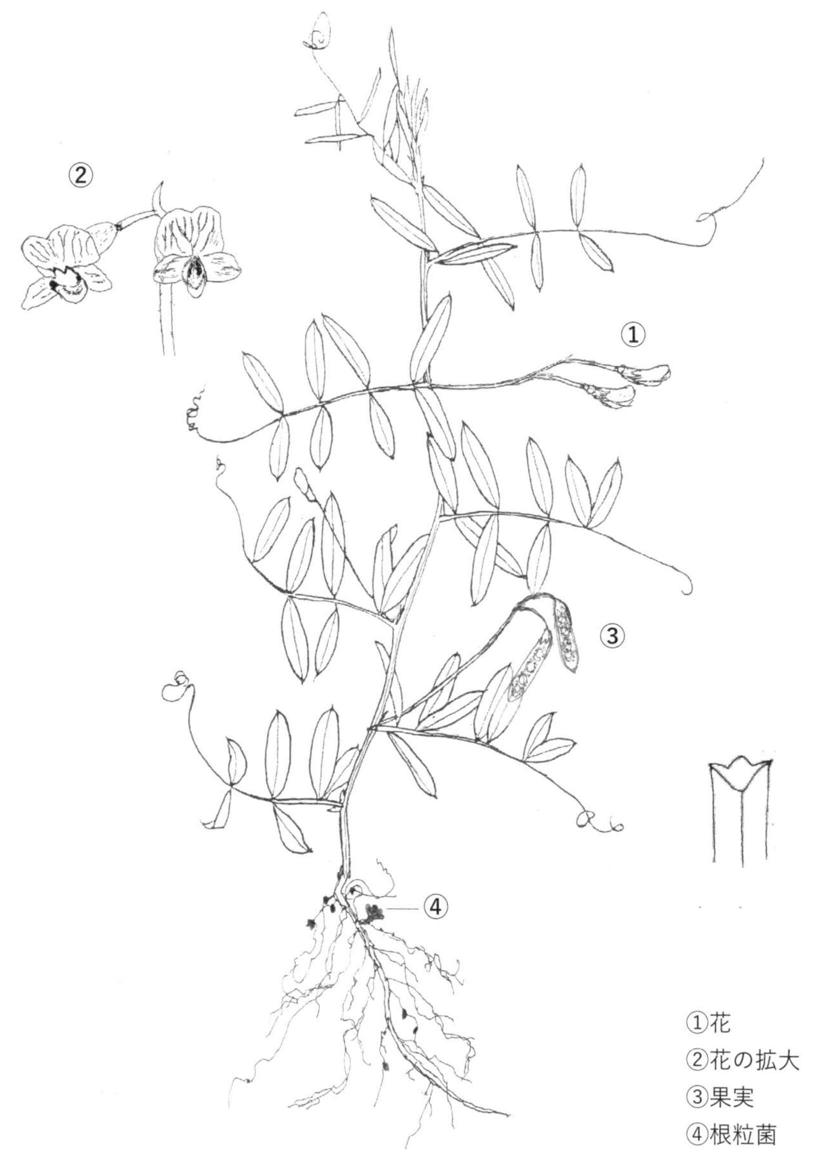

1、2年生草本。葉は無毛で長楕円形。花は淡紫色で5㎜。茎はやや三角形。長楕円形で1㎝ほどのサヤの中に3~6個の果実をつける。カラスノエンドウとスズメノエンドウのカとスの間(マ)なのでカスマグサと称されている。根粒菌を持ち土地を豊かにしてくれる。早春を感じる事のできる草である。ヨーロッパ原産。

スズメノエンドウ(マメ科)

ガラサマミ(首里)、マミグァーグサ(久高島)

1-2年生草本で草丈は20-40㎝。花は白紫色、花弁は細く3~4㎜。長楕円形の果実(サヤ)の中に2個の果実をつけ黒熟する。細い茎はやや四角形で葉とともに短い毛がある。カラスノエンドウに対して全体的に小ぶりなのでスズメと称される。根粒菌を持つ。ヨーロッパ原産。

ヤハズエンドウ(カラスノエンドウ)(マメ科)

ガラサマミ(首里)、マミグァーグサ(久高島)

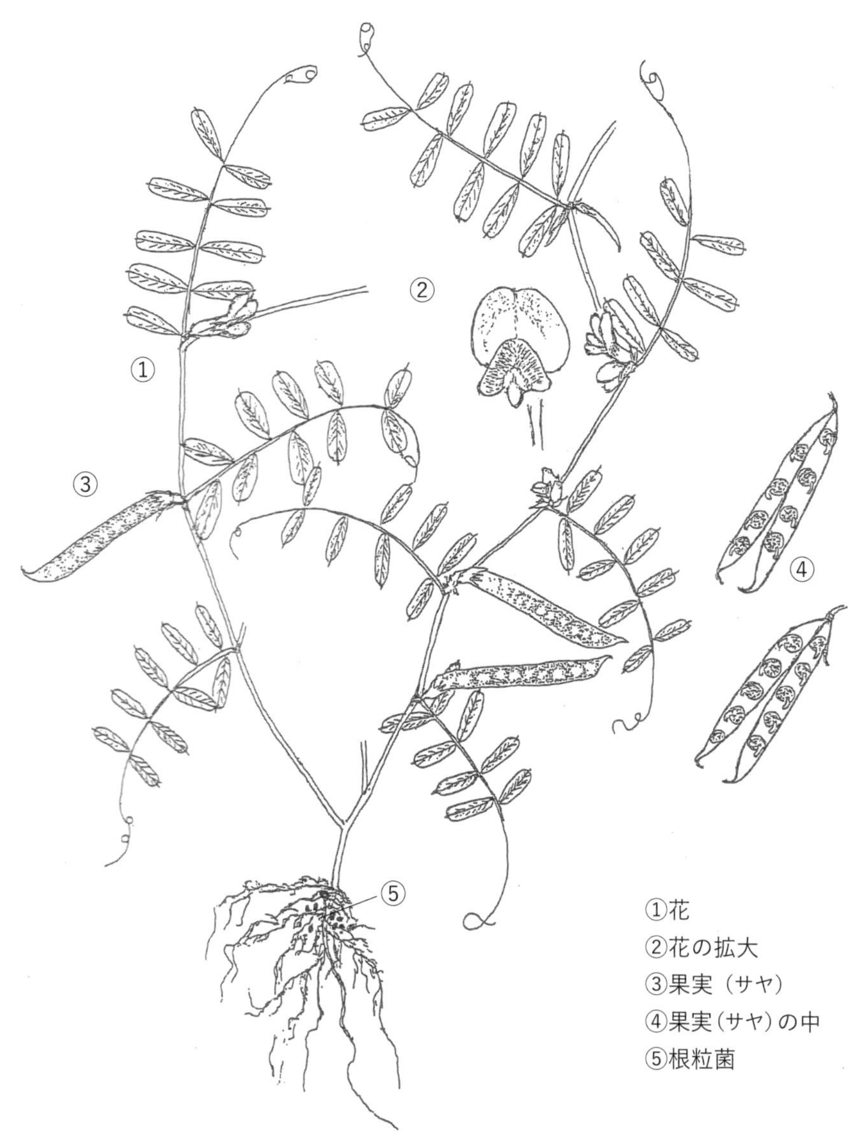

1-2年生草本で草丈は30~60㎝。1㎝前後の紅紫色の花をつけた後に4㎝程の果実(サヤ)をつける。その中に6~8個の果実ができる。茎は細く4~5個の稜があり、小葉は14個程で葉先は凹む。根粒菌を持つ。ヨーロッパ原産。

カスマグサ、スズメノエンドウ、ヤハズエンドウ(カラスノエンドウ)を総称して首里ではガラサマミ、久高島ではマミグァーグサと呼んでいる。

ツクシメナモミ(キク科)

ヤファレグサ(首里)、ムッチャカヤ(久高島)

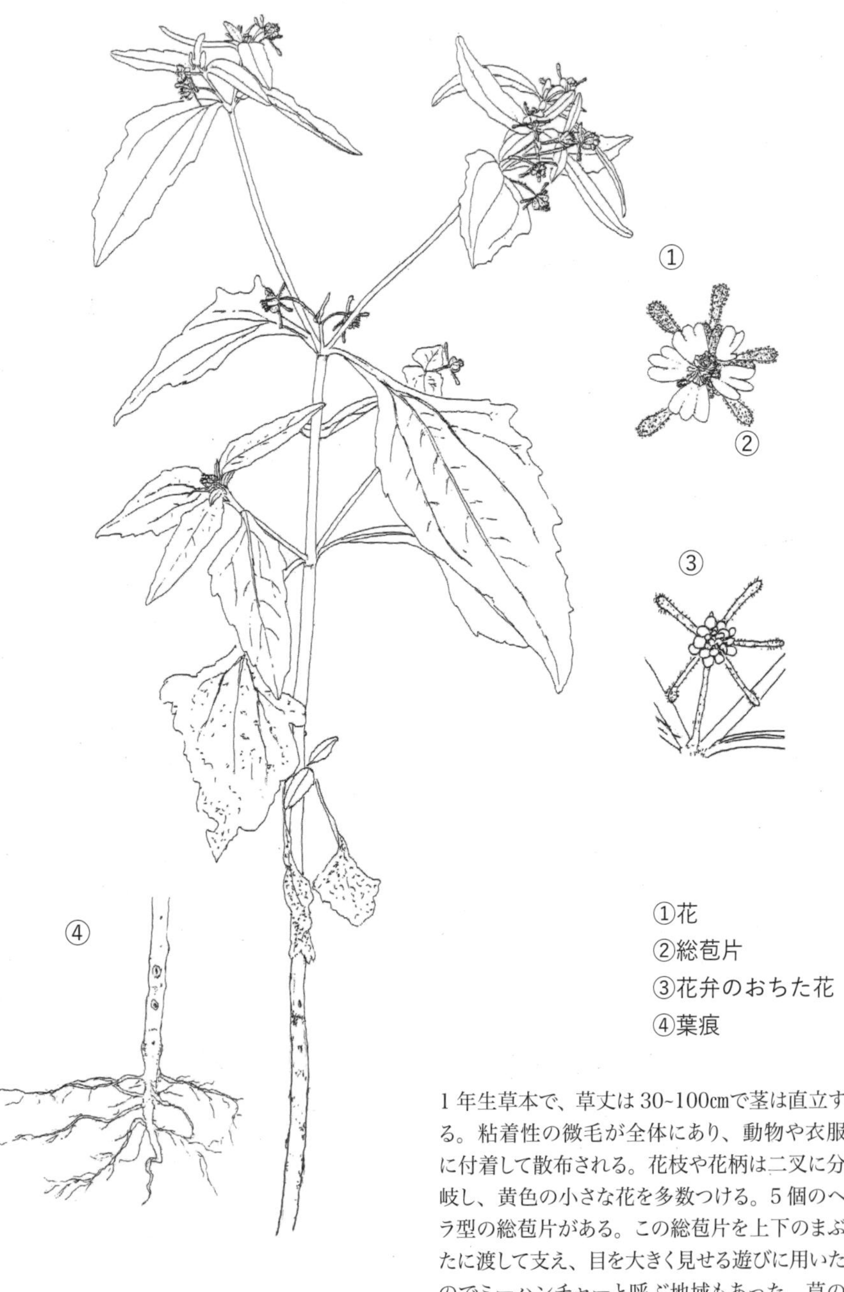

①花
②総苞片
③花弁のおちた花
④葉痕

1年生草本で、草丈は30~100㎝で茎は直立する。粘着性の微毛が全体にあり、動物や衣服に付着して散布される。花枝や花柄は二叉に分岐し、黄色の小さな花を多数つける。5個のヘラ型の総苞片がある。この総苞片を上下のまぶたに渡して支え、目を大きく見せる遊びに用いたのでミーハンチャーと呼ぶ地域もあった。草の特性を表す方言が多いのも面白い。

ノカラムシ(イラクサ科)

ウーベー(辺土、首里、渡嘉敷)、ブー(八重山)

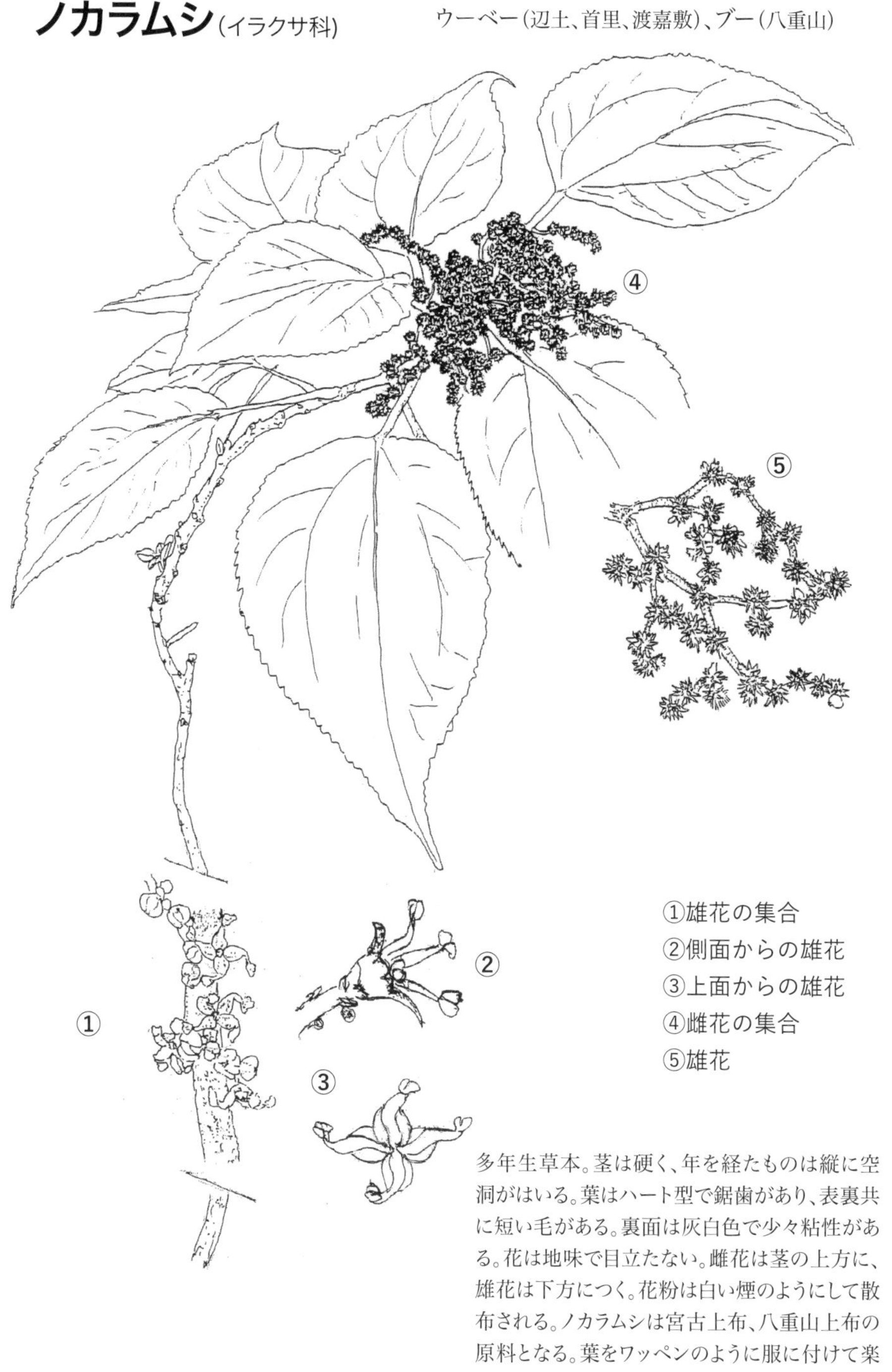

①雄花の集合
②側面からの雄花
③上面からの雄花
④雌花の集合
⑤雄花

多年生草本。茎は硬く、年を経たものは縦に空洞がはいる。葉はハート型で鋸歯があり、表裏共に短い毛がある。裏面は灰白色で少々粘性がある。花は地味で目立たない。雌花は茎の上方に、雄花は下方につく。花粉は白い煙のようにして散布される。ノカラムシは宮古上布、八重山上布の原料となる。葉をワッペンのように服に付けて楽しめる。

シロツメクサ(マメ科)

①花の集合体
②根粒菌

多年生草本。全株無毛で茎は地表を這いマット状に広がる。10㎝程の長い花茎を出し1㎝ほどの白色の花を多数つけボール状になる。3出複葉で葉の先端は凹む。根粒菌を持つ。江戸時代に荷物の詰め物として入り、明治時代には飼料作物として導入された。クローバーと呼ばれ、草原一面に白い花を咲かせると心浮く風景を醸し出す。俗に四つ葉のクローバーとは小葉が4枚ある物をさす。

リュウキュウコスミレ(スミレ科)

スミリ(沖縄、首里、永良部)

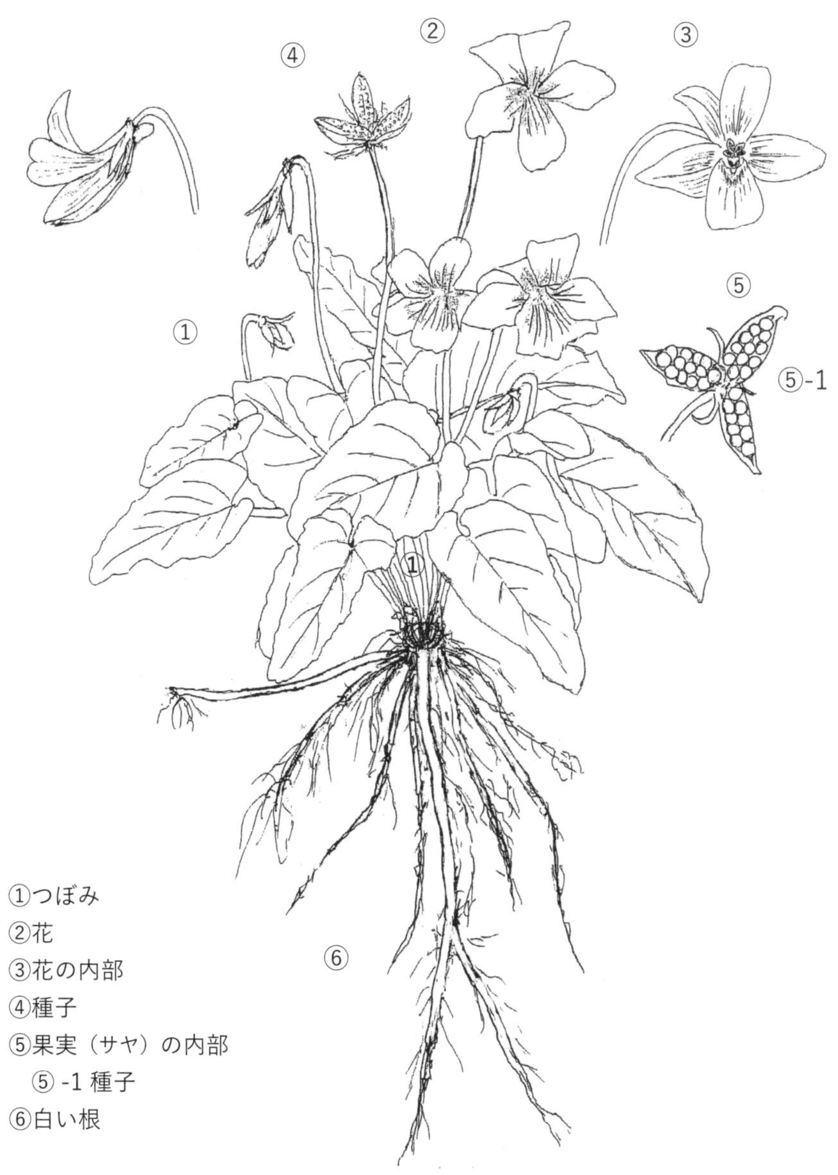

①つぼみ
②花
③花の内部
④種子
⑤果実（サヤ）の内部
⑤ -1 種子
⑥白い根

多年生草本で草丈は15cm。花期は12~3月。花は淡紅色から濃紫色。葉は逆ハート型で2~6cm、葉柄は長くすべて根茎から出る。根は白色。三枚のサヤの内にある種子は黄土色で熟するとはじけて飛散する。種子をアリが巣へ運ぶのをよく見かける。リュウキュウシロスミレも同時期に白い花を咲かせる。ツマグロヒョウモンの食草でもある。

ヒルザキツキミソウ(アカバナ科)

多年生草本で草丈は30~50㎝。春から夏にかけて淡桃色の4~7㎝程の花をつける。早朝に咲き始め、日中もしぼまず二日間咲き通す二日花。細長い披針形のつぼみは下を向くが、花は上を向いて咲く。ネバネバした花粉や柱頭を持ち、飛来する虫を捕らえ、花粉を運ばせる。観賞用に導入されたが逸出し野生化した。根茎から広がる。似た名のツキミソウは夜に白い花を咲かせ、桃色に変化する一日花である。北アメリカ原産。

ツワブキ(キク科)

チーパッパー(沖縄)

多年生草本で草丈20~30㎝。長い葉柄がある葉は艶があり大ぶりで、大きな切れ込みのある円形。葉の縁にはまばらに緩い鋸歯がある。冬期には、太くて長さ75㎝にもなる花柄の先端に黄色の花が密集して咲き、花が終わるとたくさんの冠毛(綿毛)をつける。葉柄は煮物などにして食され、大きな葉は容器代わりに用いられた。

①頭状花
②雌しべの柱頭
③舌状花
④冠毛
⑤根茎
⑥葉(根出葉)
⑦花茎

セイヨウタンポポ(キク科)

タンププ(沖縄、伊平屋)

多年生草本で草丈は4~45㎝。長い花柄の先に、直径4㎝ほどの黄色の舌状花のみの花をつける。受粉しなくても種子ができる単性生殖をする。白いフワフワした冠毛は風により飛散し、種を散布する。花の下につく総苞片が反り返るのはセイヨウタンポポで、総苞片が反り返らないのがカンサイタンポポ。ヨーロッパ原産で世界中に生育域を広げている。沖縄には戦後に帰化。根は胃痛に、花は解熱剤として利用される。

ナンゴクネジバナ(ラン科)

ムディクバナ(沖縄、首里、永良部)

①萼
②唇弁
③花茎
④紡錘根

多年生草本で草丈は 15~35㎝。葉は 5~15㎝程の根生葉。花茎は根から真っ直ぐ上向きに伸び、花はねじれながら下から上へ横向きに咲いていく。花の先端は薄紅色でカトレアを小型にしたような形。紡錘根は白色。ナンゴクネジバナの花序は無毛だが、本土に分布するネジバナには毛がある。春の野を楽しませてくれる花である。

パラグラス(イネ科)

①花序（穂）
②小穂
③花
④雄しべ
⑤雌しべ

多年生草本で草丈は 1~2.5 m。茎が長く這い、屈折した節部から根を出す。節部には密毛がある。花期は 11~1 月で円錐形の花序は 10~20 ㎝で無毛。花は微小で紫色。戦後沖縄に牧草として導入されたものが野生化した。湿地を好む。熱帯アフリカ原産。

メヒシバ(イネ科)

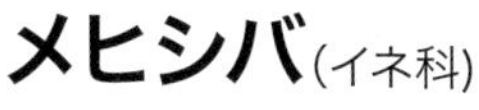

ガギナ(沖縄、奄美、沖永良部)
ガヤナーフサ(石垣)

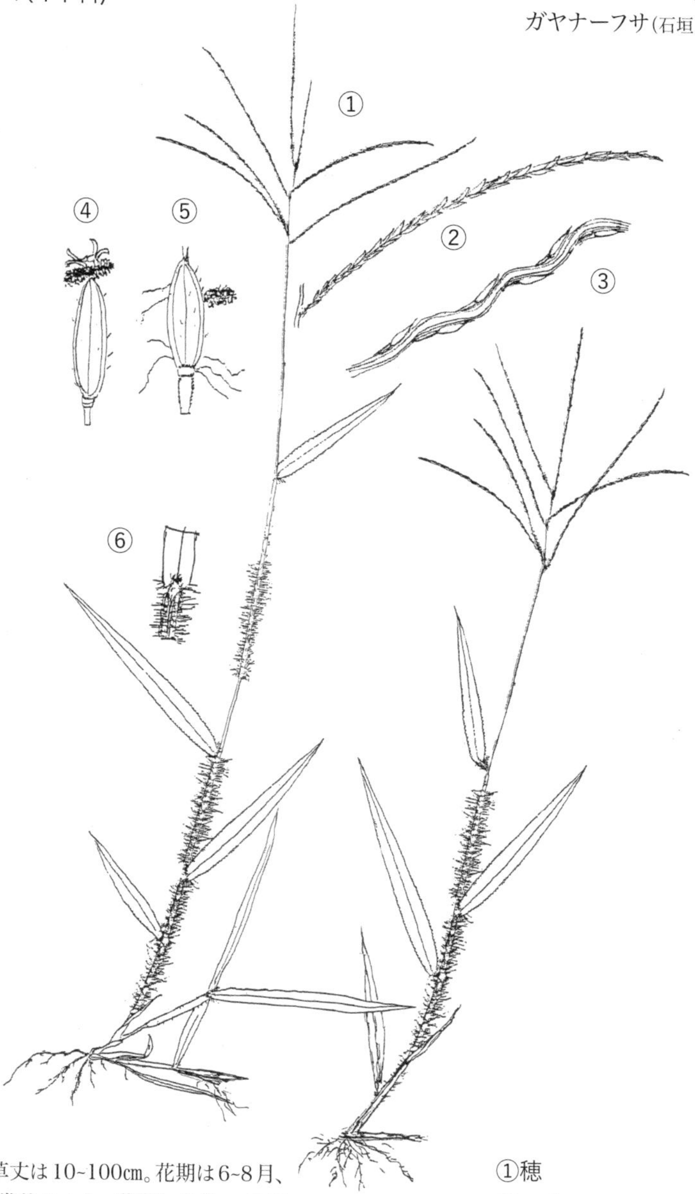

1年生草本で草丈は10~100㎝。花期は6~8月、3~8本の総が掌状につく。葉鞘に多数の毛があり、芒はなく果実には毛がある。花壇や道端によく見られたが近年分布域が狭くなっている。「雄日芝」に対して「女日芝」と名付けられている。猫や犬が胃腸の調子を整えるために食したりする。

①穂
②小穂
③小穂の拡大
④雄しべ
⑤雌しべ
⑥葉鞘の拡大

ヘンリーメヒシバ(イネ科)

ガギナ(沖縄、奄美、沖永良部
ガヤナーフサ(石垣)

1~2 年生草本で草丈は 15~50㎝で地面を這うように生える。茎や葉には目立った毛はないが、葉鞘には多少の毛がある。総は熟しても先が開かず紡錘形をしている。適応力が強く草地、乾燥地、林縁部、海浜周辺とあらゆる所に分布する。

①穂
②小穂の拡大
③花の拡大
④雄しべ
⑤雌しべ

コメヒシバ(イネ科)

ガギナ(沖縄、奄美、沖永良部)
ガヤナーフサ(石垣)

1 年生草本で草丈 8~20㎝。茎は 20㎝程で地上を這い、分岐して広がる。花期は 2~11 月で細い総状花序を 2~4 個をつける。披針形の果実を作り種子で繁殖する。花壇や道端、人家の周辺や光の弱いところにも群生する。畑地の害草。メヒシバより小型で弱々しく見える。日本原産。

①穂
②小穂の拡大
③雄しべ
④雌しべ

アキメヒシバ(イネ科)

ガギナ(沖縄、奄美、沖永良部)
ガヤナーフサ(石垣)

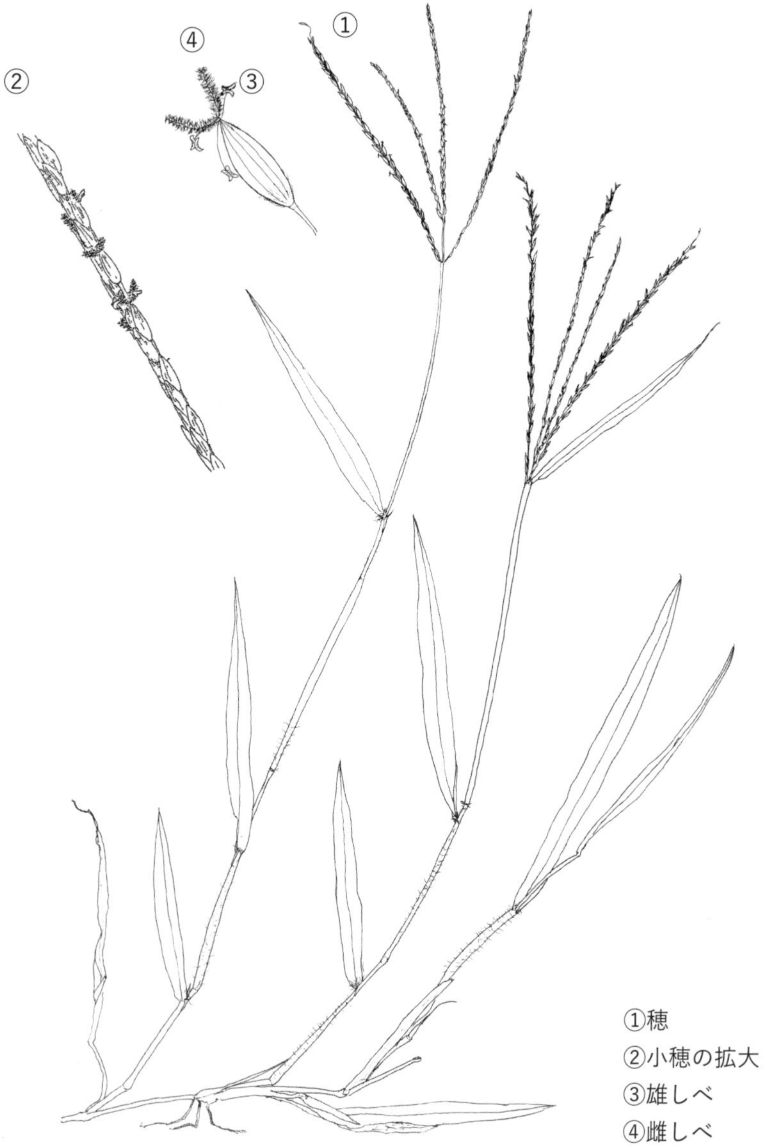

①穂
②小穂の拡大
③雄しべ
④雌しべ

1年生草本で草丈は30~60㎝。花期は2~11月。茎や葉鞘に多少の毛のあるものもある。又、赤紫色を帯びるのでメヒシバと区別がつく。節から斜めに折れ、接地部から根を出す。花壇や道端、空き地に多く見られる。メヒシバと同じく畑地の害草。

オヒシバ(イネ科)

チカラシバ(宮古)
シップクサ(沖縄、首里)

多年生草本で草丈は15~40㎝。葉は10~30㎝、花期は7~11月。茎の先端に十文字や三叉の花序をつけ、種子で繁殖する。強い大量のひげ根を張って生育し、踏みつけや引き抜きに強い強害草の一つ。花壇や道端、荒れ地などに生育し、日向を好む。近年町中で見かける事が少なくなってきている。「雄日芝」の漢字名が草の性質をよく表している。

チガヤ(イネ科)

カヤ(首里)、ガヤ(石垣、奄美)

多年生草本で草丈は30~80㎝、地下茎が分けつして繁殖する。穂の長さは10~20㎝、新葉の出る前に開花する。花穂は尾状の白色で絹のようなツヤがあり、フワフワした毛が密集する。花は箒状で小さく、中心部にある茶褐色の葯が目立つ。野一面が白い絨毯のようになる風景は寝転びたくなるようなワクワク感がある。花壇、道端、草地や荒れ地などに見られる。

ススキ（イネ科）

ゲーン（沖縄、首里）
グシチ（沖縄、首里、許田、永良部）

多年生草本で草丈は100~150㎝。根茎は短く、硬く密生する。沖縄では年中根茎から新しい芽が出て枯れる事がない。穂状花序で花序は20~30㎝、10~11月に穂をつけるので、旧暦8月15日の沖縄の十五夜には間に合わない。葉は硬く細長く辺縁は細かいノコギリ状でザラつき、葉や茎でけがをしたりする事がある。魔除けに葉でサン（魔除け）を作り軒に差したり、穂を散らした後に箒を作ったりする。花壇、道端、草地や荒れ地などに見られる。

エダウチチヂミザサ(イネ科)

ウエンチュノミミグサ(沖縄、世冨慶、久志)
タケナ(石垣)

多年生草本で草丈は 10~40㎝。花期は 11~3 月頃、花序は 10~20㎝。雌しべの柱頭は小さく鮮やかな赤紫色で目立つ。同色の長い芒は粘性があり布や動物などに付着して生育地を広げる。葉の先は尖り、縁は浅く波打つ。茎は地面を這い節部から根を出す。日向や日陰、林縁部など生息範囲は広い。

オガサワラスズメノヒエ（イネ科）

多年生草本で草丈は15~60㎝。花期は7~9月頃。根茎は硬く地面を横に長く走り節から根を出して広がる。細い花序は二叉に斜上に開出し、特徴的。葉は柔らかく8~10㎝で葉身ともに無毛。帰化植物で花壇、道端、草地に生育し、特に湿地などを好んで繁殖する。熱帯アメリカ原産。

①穂
②小穂
③花
　③-1 雌しべ
④絹毛

シマスズメノヒエ(イネ科)

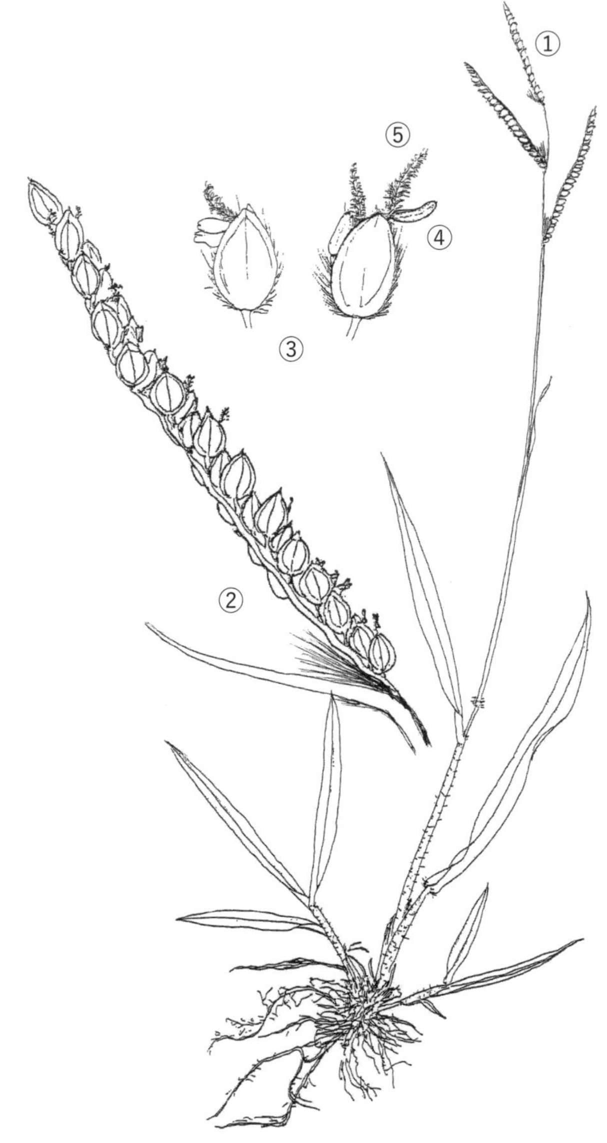

①穂
②小穂
③花
④雄しべ
⑤雌しべ

多年生草本で草丈は40~120㎝。花期は5~11月頃、雄しべの花粉袋と雌しべは黒色で風にフラフラ揺れて目立つ。総は3~5個、タチスズメノヒエより大きな小穂は6~8㎝で毛が多い。葉は扁平で10~25㎝、基部に目立つ毛がある。戦後に帰化し、花壇、道端、草地や荒れ地に見られる。ブラジル、アルゼンチン原産。

タチスズメノヒエ(イネ科)

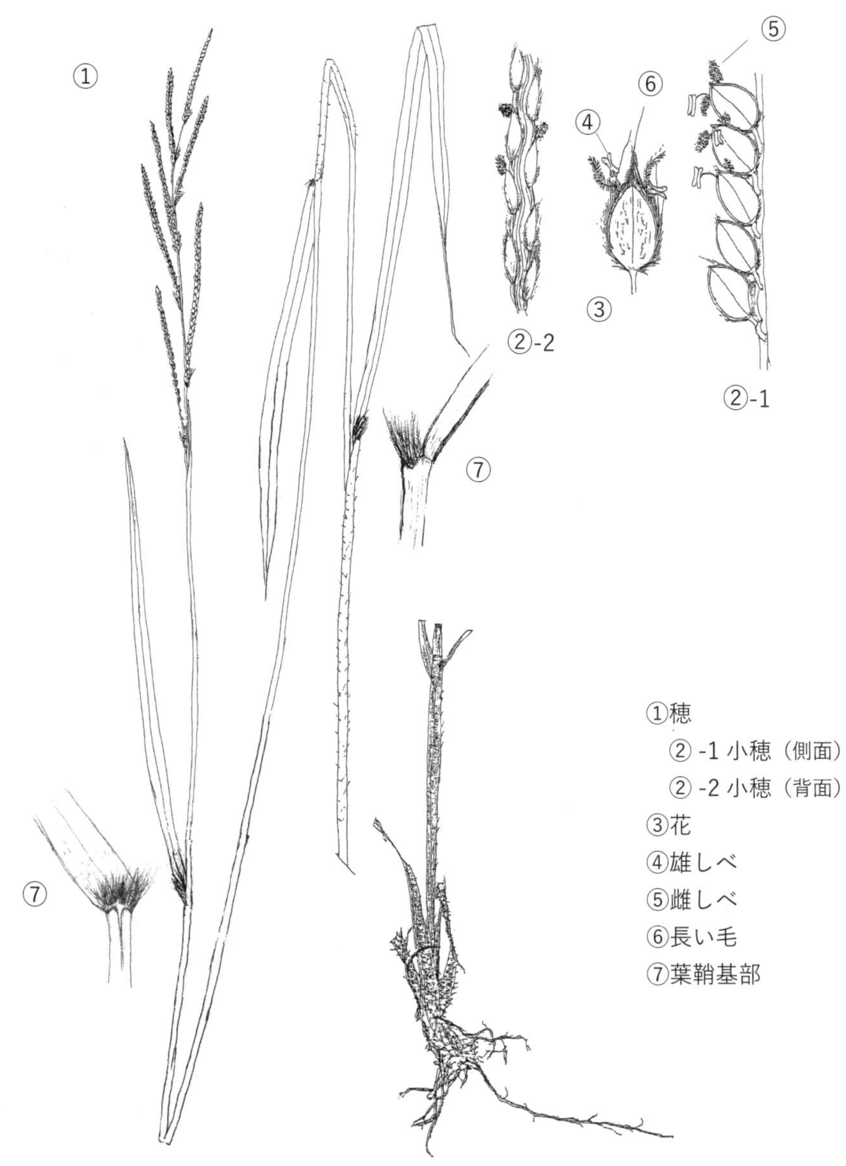

多年生草本で草丈は70~140㎝。葉鞘の基部には一方向に生える毛がある。葉は狭い線形で扁平。花期は5~11月頃で総の数は多く、小穂には毛がある。戦後に帰化し、花壇、道端、草地や荒れ地に見られる。南アメリカ原産。

ナピアグラス(イネ科)

ペルーソウ(沖縄全域)

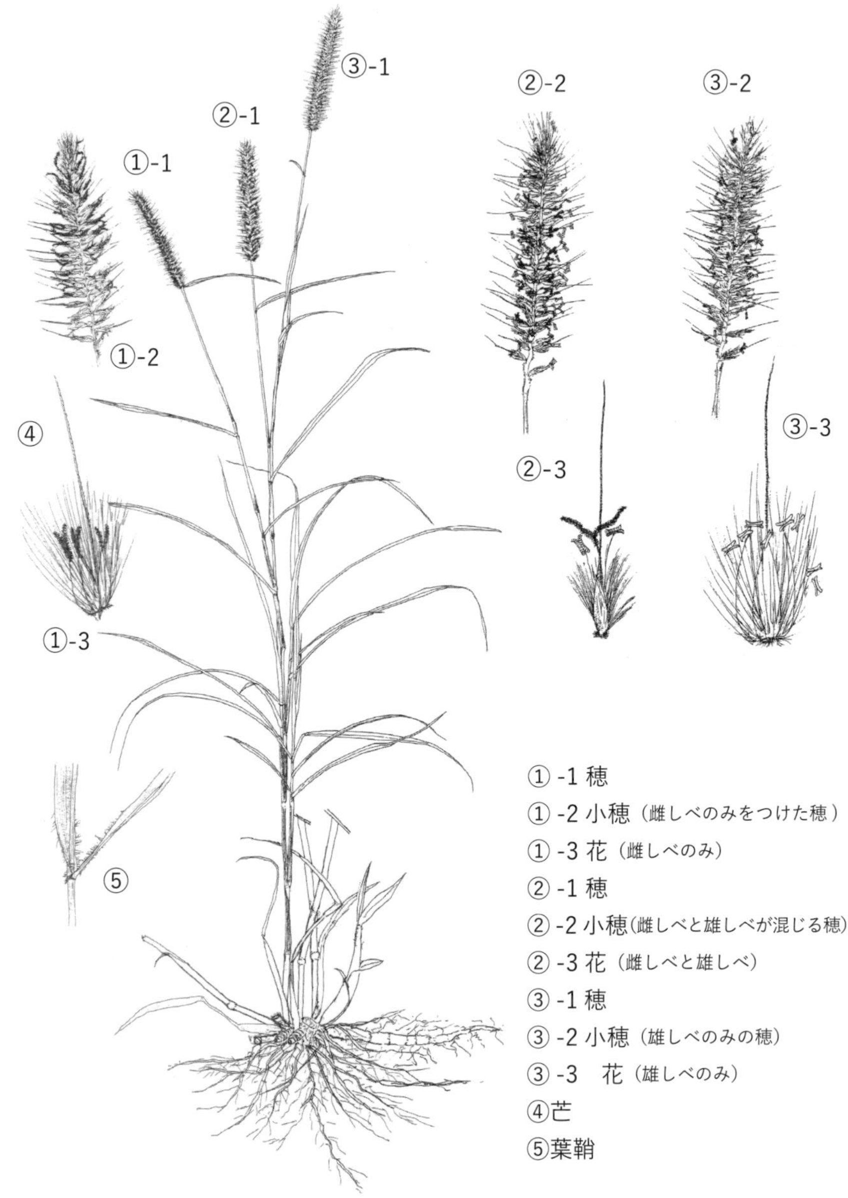

① -1 穂
① -2 小穂（雌しべのみをつけた穂）
① -3 花（雌しべのみ）
② -1 穂
② -2 小穂(雌しべと雄しべが混じる穂)
② -3 花（雌しべと雄しべ）
③ -1 穂
③ -2 小穂（雄しべのみの穂）
③ -3　花（雄しべのみ）
④芒
⑤葉鞘

多年生草本で草丈は 1.5~3 m。葉は線形で幅 3㎝、長さ 60㎝でザラつく毛がある。花期は 9~5 月頃、茎は円柱形でガマの穂に似た黄みを帯びる薄茶色の花穂をつけ、3㎝程にもなる芒が目立つ。牧草として導入されたものが逸出した。畑地周辺や道端などに時に見られる。熱帯アフリカ原産。

ツノアイアシ(イネ科)

ヤマトゥグサ(沖縄、首里)、アシ(沖縄、首里)

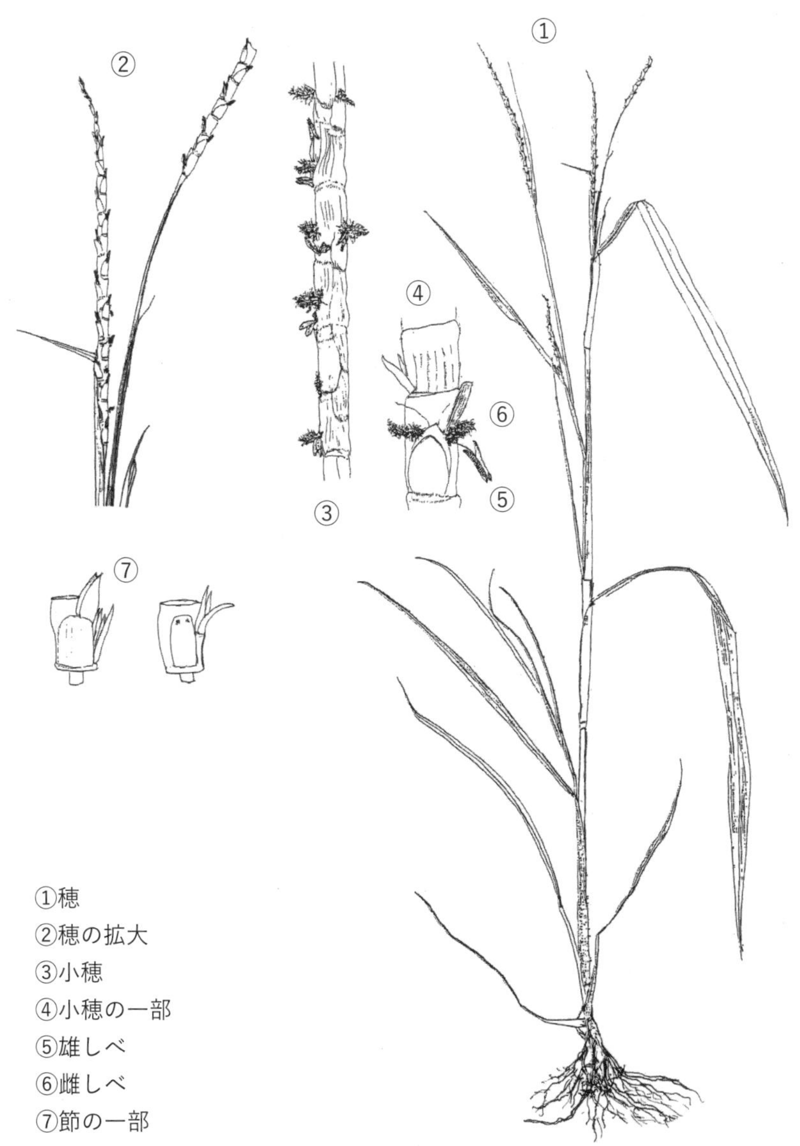

①穂
②穂の拡大
③小穂
④小穂の一部
⑤雄しべ
⑥雌しべ
⑦節の一部

直立する大型の1年生草本で、全体に毛があり草丈は1~2.5 m。花期は4~12月頃。穂状花序は8~15㎝で円柱形、小穂は棒状で熟すると穂が節ごとにポキポキと折れ独特な形を呈する。稈は太くよく分岐する。葉は扁平で20~60㎝、上面はザラつく。戦後に帰化し、道端、荒れ地に生息しひときわ目立つ。原産地はインド。

エノコログサ(イネ科)

アークサ(沖縄全域)、ムシグワグサ(沖縄、永良部)

①穂
②花
③芒(のぎ)
④雌しべ
⑤種子
⑥葉鞘基部

1年生草本で草丈は20~50㎝、葉身は無毛。花期は3~11月頃、花序は5~10㎝で直立する。逆なですると小穂がザラつくザラツキエノコログサなどにくらべ小ぶり。チガヤに似るが本種は茶色で小粒の粟がびっしり付いているように見える。小穂が子犬の尾っぽに似るのことからエノコロの名がついた。俗称ネコジャラシ。春の草本類が消える3月頃に目につく。

セイバンモロコシ(イネ科)

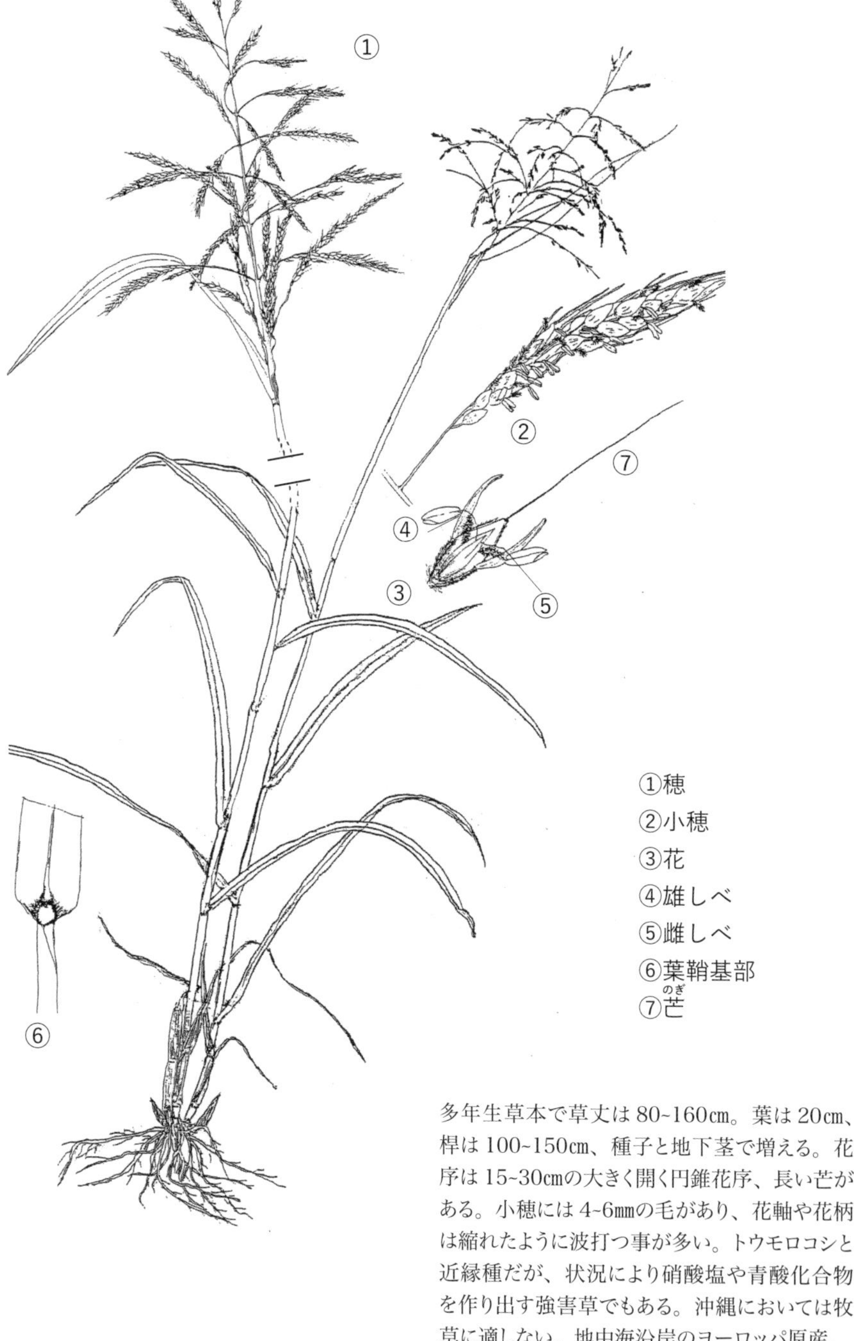

多年生草本で草丈は80~160㎝。葉は20㎝、桿は100~150㎝、種子と地下茎で増える。花序は15~30㎝の大きく開く円錐花序、長い芒がある。小穂には4~6㎜の毛があり、花軸や花柄は縮れたように波打つ事が多い。トウモロコシと近縁種だが、状況により硝酸塩や青酸化合物を作り出す強害草でもある。沖縄においては牧草に適しない。地中海沿岸のヨーロッパ原産。

オオヒメクグ（カヤツリグサ科）

ダマクブチ（与那国）ウスヌフツア（波照間）

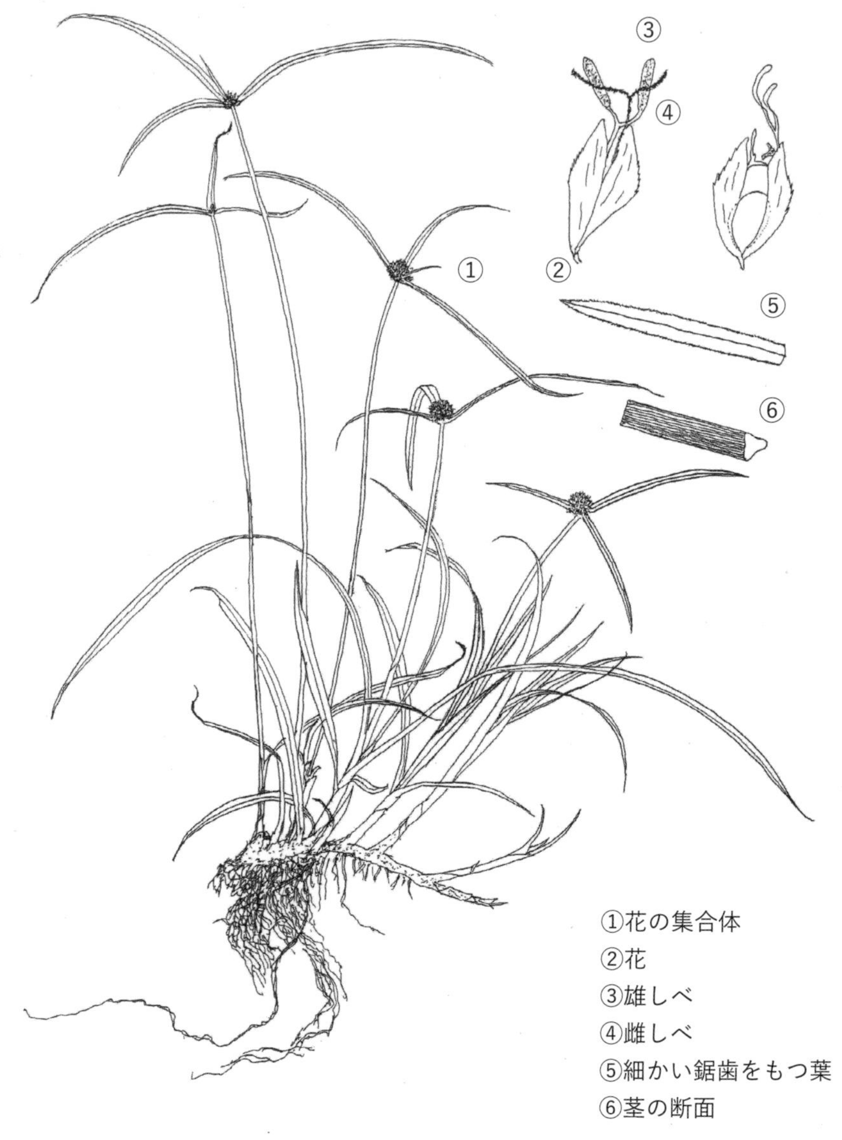

①花の集合体
②花
③雄しべ
④雌しべ
⑤細かい鋸歯をもつ葉
⑥茎の断面

多年生草本で草丈は10~40㎝、群生する。茎は三角柱形。葉は稈より短い。扁平の白い花が集合し球形となり花茎の先端につく。葉の縁は非常に細かいノコギリ状。ヒメクグに似ているが集合花が白色である。湿り気のある場所を好む。熱地から亜熱帯に分布する。

シュロガヤツリ(カヤツリグサ科)

ヤブレガサ(沖縄、名護)

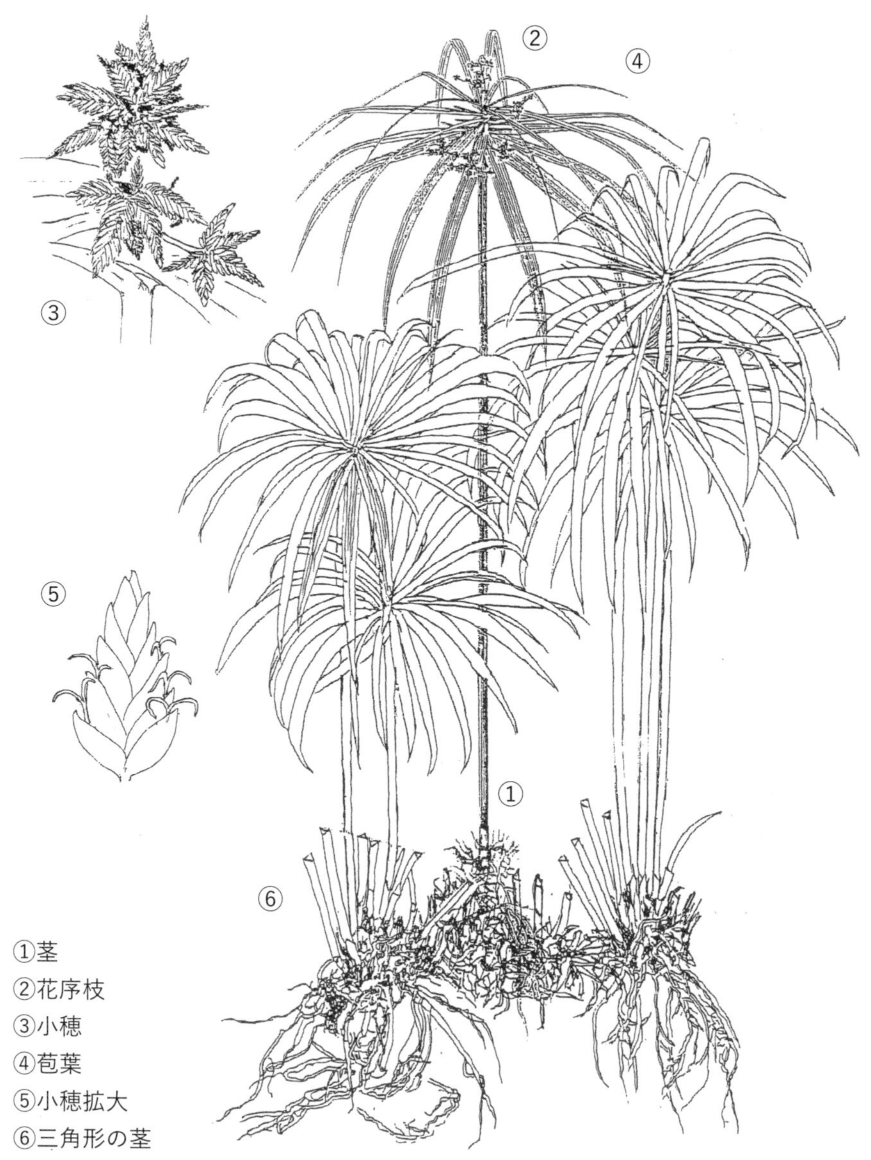

①茎
②花序枝
③小穂
④苞葉
⑤小穂拡大
⑥三角形の茎

多年生草本で草丈は 1~1.5 mの水生植物。花期は 11~1 月頃。1㎝ほどの扁平な花が集合し、苞はらせん状に上方にせりあがり、花も苞に連れて咲く。苞は 30㎝でシュロの葉に似ているのでシュロガヤツリの名がある。太く短い根茎があり、沖縄では低地や湿地、川沿い河川などに野生化しているのが見られる。マダガスカル原産。

クワズイモ(サトイモ科)

ハチコーウム(沖縄、首里)

①赤熟した果実
②果実の拡大
③苞の中の花
　③ -1 花軸
　③ -2 苞
　③ -3 肉穂花序
④地下茎

多年生草本で草丈は 1~2 m。花茎から 15~25 ㎝の太い花弁が通常 2 本ずつ出る。花弁は仏炎苞と称される長楕円形の黄緑色で液果は球形で紅熟する。根茎は太く、横伏し往々地表に出る。河川や川縁、日陰や山間部などによく見られる。この植物には毒性があり、食すると過激な中毒症状を呈する。

ゲットウ(ショウガ科)

サンニン(沖縄、首里、知花)

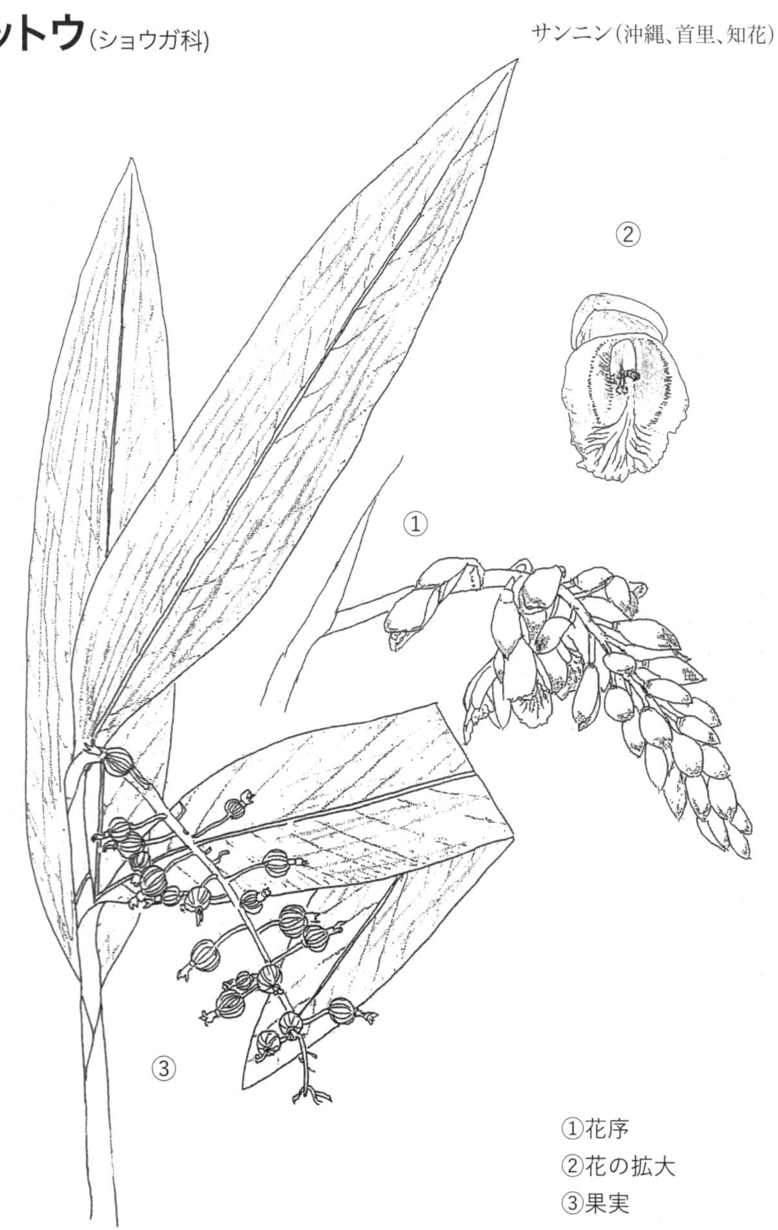

①花序
②花の拡大
③果実

多年生草本で草丈は2~3m。葉は40~70cm程で4cmの花を密につけた15~30cmの総状花序は垂れ下がる。地下茎が発達し1~3mの偽茎がある。芳香があり、光沢のある葉は好まれ古来からお餅(ムーチー)の包装などに用いられる。防臭剤、防虫剤、防腐剤、化粧品など多面に利用される有用植物で原野によく見られる。栽培、または帰化植物。熱帯アジア原産。

コラム③

オキナワネムの話

末吉公園の東側の西森（ニシムイ）に、多くの在来の植物と共にオキナワネムが茂っている。オキナワネムはアカシアの仲間で高さ 4 ～ 5m、鋭いトゲをもつ低木である。細い枝にも 2 ～ 3mm のトゲがあるので観察には要注意である。

現在沖縄では石垣島、西表島、黒島に分布し、世界では台湾、南中国、インド、マレーシア、オーストラリア、ポリネシアで育つ南方の植物である。沖縄本島では末吉公園の西森、首里の虎頭森、首里城周辺、玉陵後方と首里に集中して分布している。これらは意図的に植栽されたものであろうか。

オキナワネムはマメ科でギンネムとよく似た葉をもち、葉柄には蜜腺がある。花のシーズンは 4 ～ 5 月で、ギンネムに似た 10mm の小型の白い花を多数つける。

2023 年 5 月 26 日に末吉公園の西森の駐車場近くにオキナワネムの花が咲いていた。それから毎日観察していると、3 日目の 5 月 29 日にはなんと花は黄色になっていた。オキナワネムに花色の変化があることを初めて知って驚き、観察することの大切さを身をもって知った。

トゲを持つ植物は植栽で庭園に使われることが少ない。今後沖縄でオキナワネムをどのように利用できるか課題である。外国では他の植物のエキスとオキナワネムのエキスを混合してシャンプーを作り、利用している事例もあるようだ。今後のオキナワネムの活用を期待したい。

白から黄色に変わるオキナワネムの花（2023.5）

果実をつけたオキナワネム（2014.5）

Ⅲ　帰化植物

近年、分布を広げ、花壇、 道沿いで見られる草本や木本の帰化植物。コトブキギク、ヒメオニササガヤなど。

ギンネム、ギンゴウカン(マメ科)

ギンネム(沖縄)

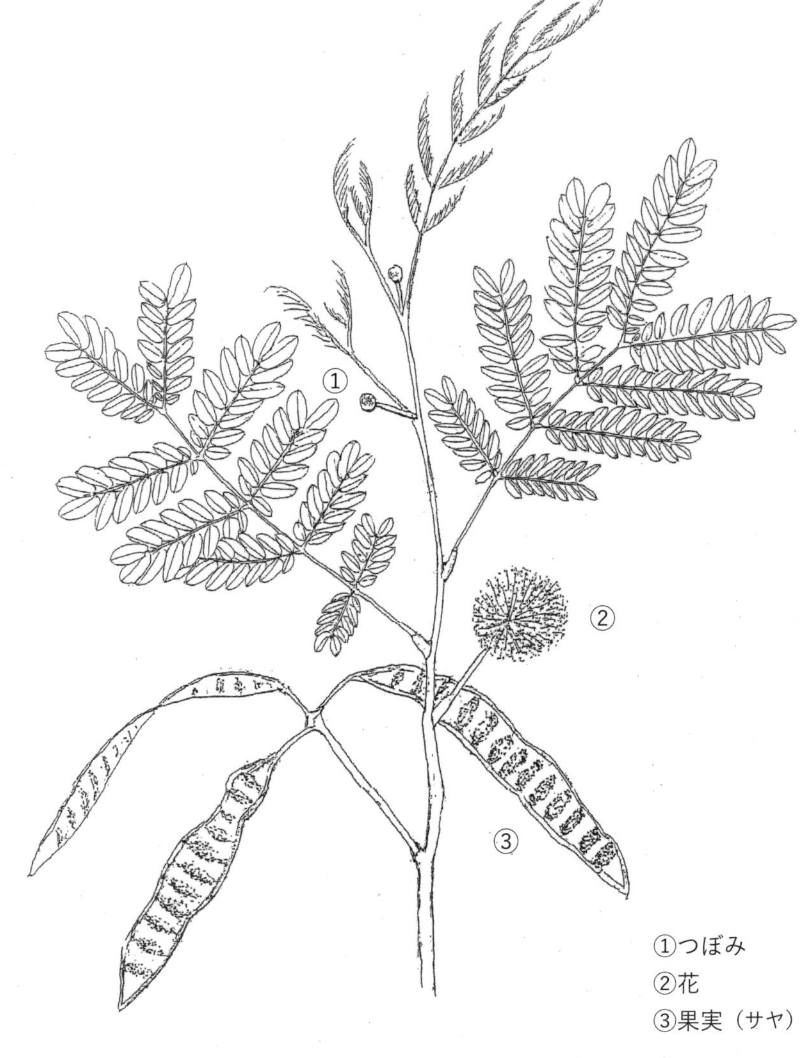

①つぼみ
②花
③果実（サヤ）

小高木で樹高は 3~5 m。羽状複葉で羽片は 3~8 対で無毛。暖地では年間を通して茎の頂に花序を出し、6㎜ほどの淡緑白色の花を球状につける。長さ 15㎝ほどの扁平なサヤマメのような果実（サヤ）をつける。緑肥、土壌流失防止、生け垣等として栽培され、又カルシウムや鉄の含有分が多いため、健康茶などとして用いられる。熱帯から亜熱帯にかけて栽培され、道端や海岸などに見られる。沖縄では江戸時代末期に導入され、現在では野生化している。家畜には有害と言われている。南アメリカ原産。

オキナワネム(マメ科)

ニンニンバー(首里)

ツル性の低木で樹高 4~5 m、小枝は鋭い 2~3 mmの刺をつける。葉は羽状複葉で 15~25㎝、羽片は 8~10 対、小葉は 20~30 対。羽軸の表側の頂端付近に 1~2 個、葉柄の中央部に 1~2 mm程度の蜜腺がある。花期は 4~5 月、円錐花序は頂生、花は径 1㎝、白色から 3 日目には淡黄色となる。果実（サヤ）は多少肉質で扁平、長さ 7~10㎝、幅 2㎝。戦前より植栽され、首里城周辺や西表、石垣、黒島に分布する。

カワリバトウダイ（トウダイグサ科）

①花
②果実

多年生草本で草丈は30~60㎝。葉は互生で全縁で無毛。花期には大型の散形の花序をつくり、その先に白色の小さな盃状の花をつける。2004年に沖縄県うるま市で確認され、その後沖縄本島各地に見受けられる様になった。道端や畑などに生育する。メキシコ原産。

ナガエコミカンソウ、ブラジルコミカンソウ(トウダイグサ科)

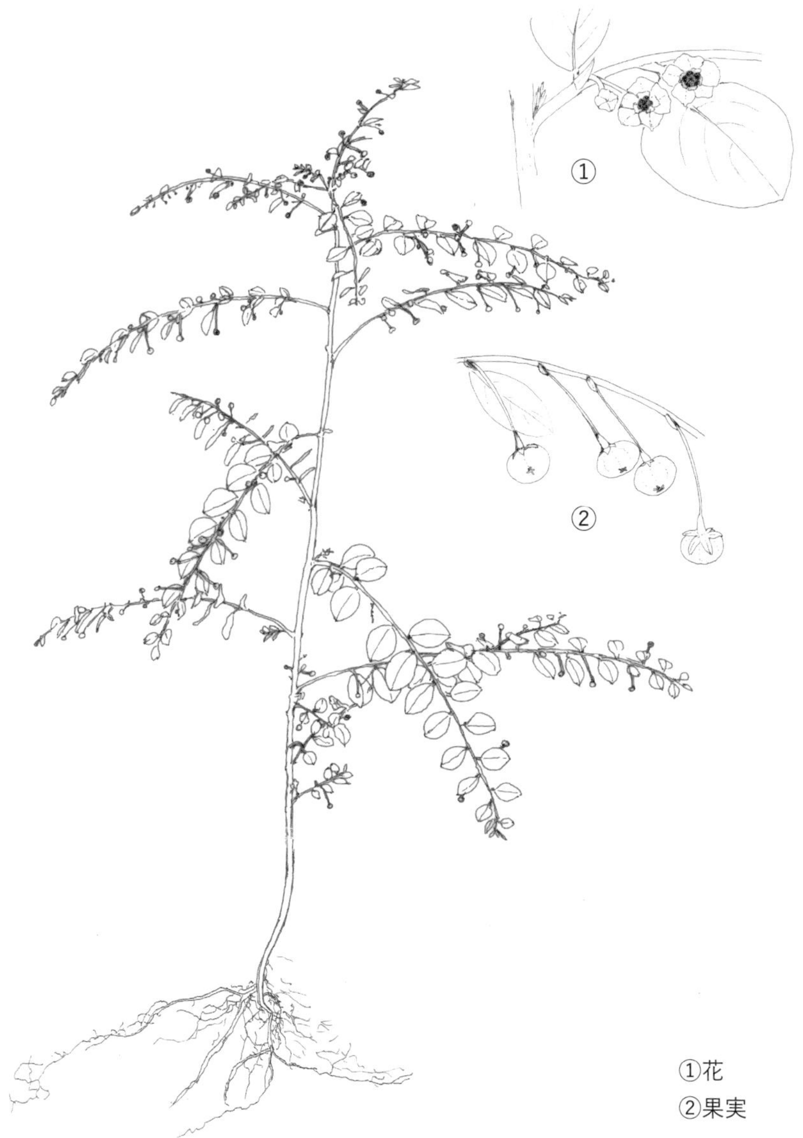

①花
②果実

低木または1年性草本で草丈は10~100㎝。葉は1㎝ほどで先の尖った広卵形で互生。花は雌雄異花で直径2㎜。淡黄色で果実は直径2㎜、葉の付け根から長い花柄を出し、微小なミカンのような果実が2列につく。原産地では多年生の低木で、気候変動により日本でも低木化することが明らかになった。沖縄には復帰前後より帰化。1992年に福岡県で採集されている。道端や畑などに生育する。キダチコミカンソウからナガエコミカンソウへ名が変更された。インド洋諸島原産。

キダチイヌホウズキ（ナス科）

①果実
②花
②-1 柱頭（雌しべ）
②-2 雄しべ

低木で樹高は1.5 m内外。葉は長さ10㎝、5㎜ほどの葉柄があり無毛で全縁、独特の匂いがある。花は白色で散形の花序で、径は1㎝程。球状の果実は1~1.2㎝、橙黄色に熟し、果実は萼からはずれない。鳥がよく食する。1979年に台湾から観賞用に導入された。道端や林縁に生育する。本種は多和田真淳氏により命名された。中国～インド原産。

ツボミオオバコ、タチオオバコ(オオバコ科)

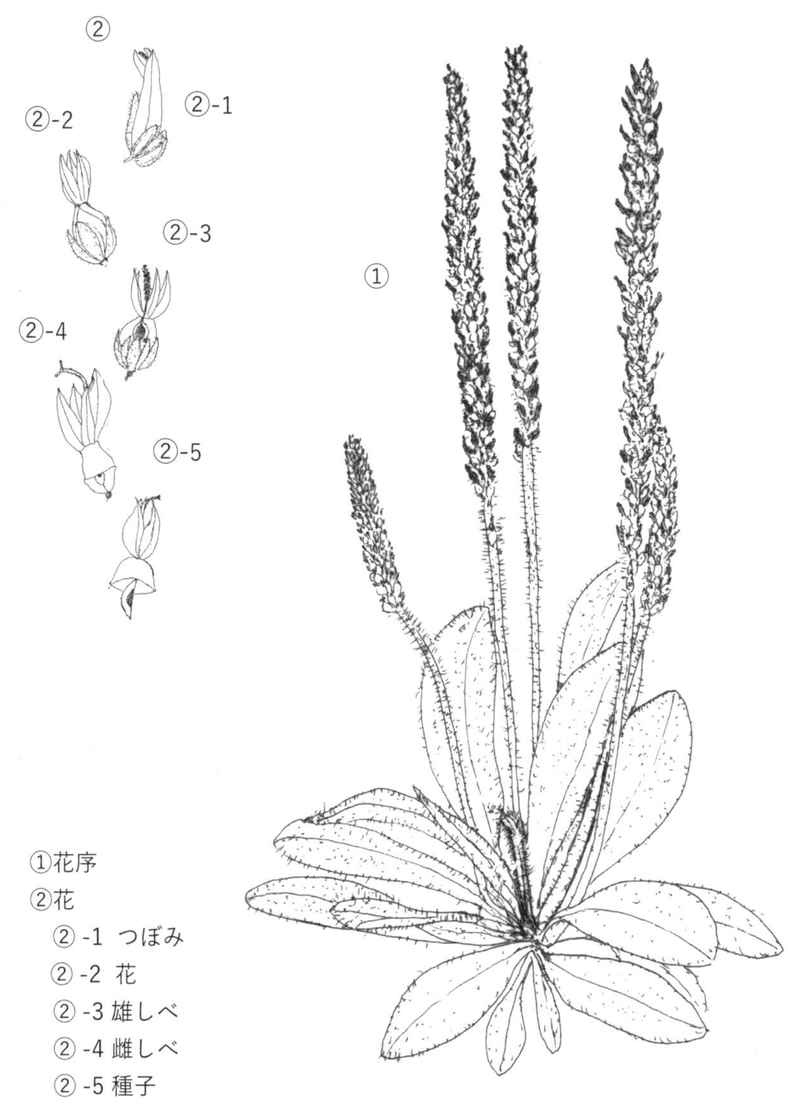

1年生草本で草丈は5~30㎝。根元からロゼット状に葉を出し、葉柄は短く全体に毛がある。オオバコより葉は柔らかい。花穂は長く、小花を多数つけ1.5㎜程の果実をつける。花冠は開くことは無くツボミの様な形を呈する。1つの穂でツボミから種子の状態まで観察することができる。1913年愛知県で見つかった。沖縄では戦後帰化。北アメリカ原産。

ヤナギバルイラソウ、ムラサキイセハナビ(キツネノマゴ科)

①花
②葉脈
③つぼみ
④はじけた莢
⑤種子

多年生草本で茎は直立し草丈は1m程。コンクリートの隙間や水の中でも繁茂する。淡紫色でロート状の花は早朝4~5時に咲き始め、夕暮れ前4~5時にはしぼむ。葉は対生で細長い。茎や根は絡み合いしぶとく生育している。25㎜程の細長い茶褐色の果実は熟するとはじけ30㎝程も飛ぶ。沖縄本島では1974年頃米軍によって持ち込まれ、広がった。帰化した。メキシコ原産。

キバナツルネラ、ツルネラ(ツルネラ科)

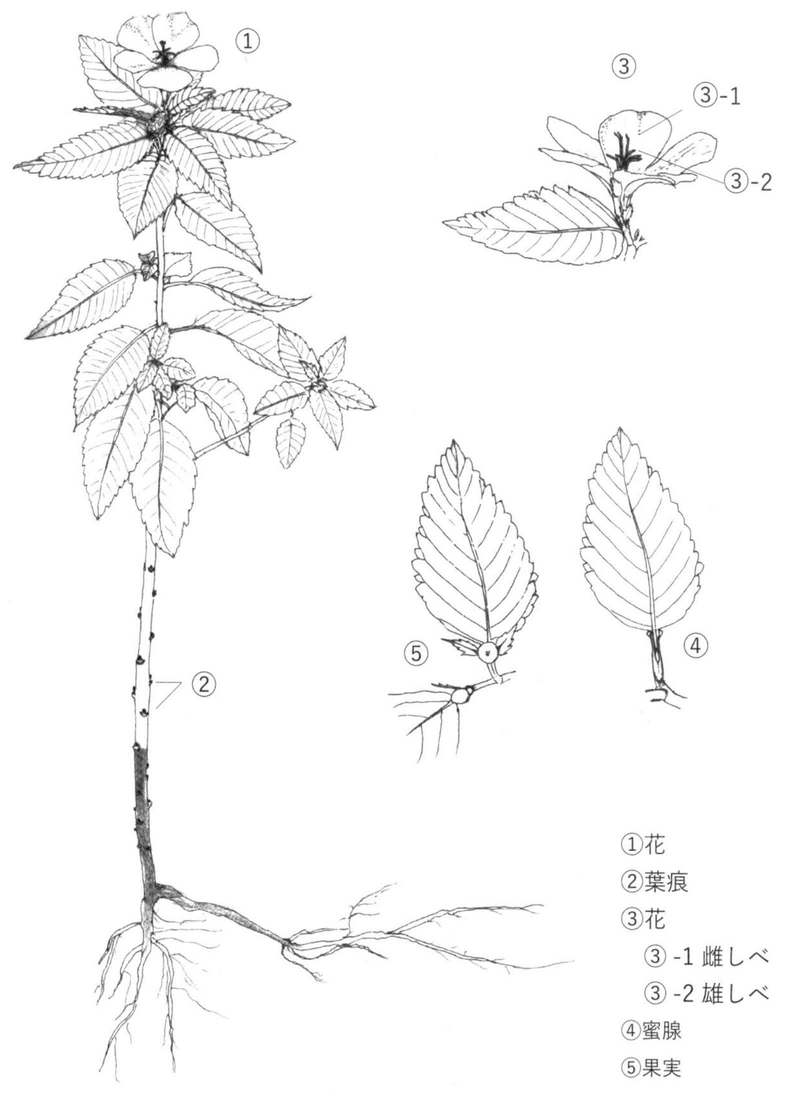

①花
②葉痕
③花
③ -1 雌しべ
③ -2 雄しべ
④蜜腺
⑤果実

小低木状の草本で草丈は50~100㎝で基部は木質化する。葉脈は凹んで目立ち短毛がある。葉の付け根には蜜腺がある。葉柄上に4㎝前後の黄色の花をつけ、果実ができる。早朝に咲いて夕方にはしぼんで落下する。花びらの周辺にはよくアリを見かける。沖縄には1992年に旅行者によってもたらされ、生息域を広げている。西インド諸島、メキシコ原産。

シロノセンダングサ(キク科)

サシグサ(沖縄、奄美)

①花
②種子
③種子拡大

多年生草本で草丈は30~150㎝。茎は四角形。葉は対生で3出複葉。花の中心部は黄色で白い花弁を持つ。根は浅く茎は横に広がる。数多くできる種子は黒色、先は二分し逆向きのトゲがあり衣服や動物等によく刺さり、分布を広げ所構わずに繁茂している。近年では薬草、茶としても用いられている。戦後に帰化した。北アメリカ原産。

コケセンボンギクモドキ(キク科)

①花
②茎（ストロン）

多年生草本で草丈は 3~10㎝。花茎は 3~10㎝で白色の頭状花をつけ年中開花する。コケのように草丈が低く、スプーン状の葉が根元や茎から出る。1980 年頃、普天間飛行場の周辺で見つかり、以後沖縄全域に生育域を広げ、森林部にも侵入しつつある。沖縄本島北部の森林部に生育する絶滅危惧種のコケセンボンギクと混同されやすい。沖縄、アジア、オーストラリア、ニュージーランドに分布。原産地は不明。

コトブキギク(キク科)

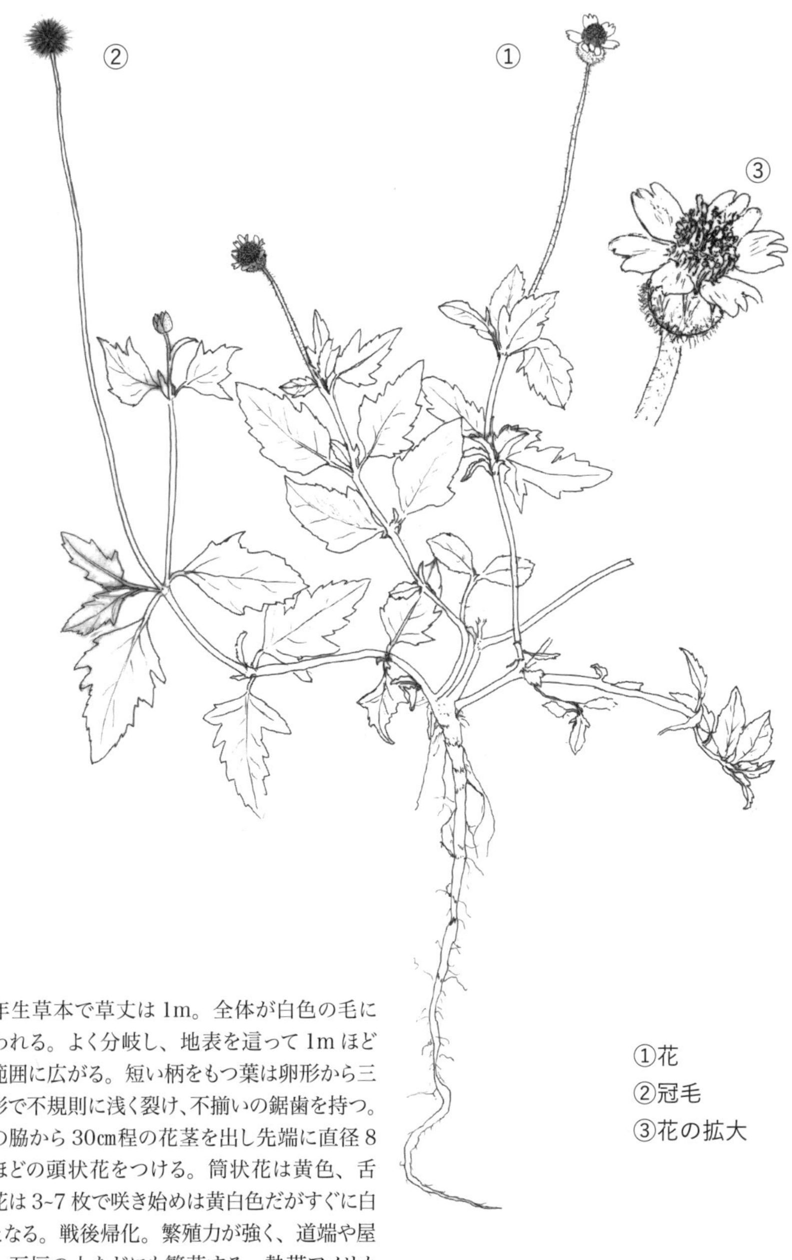

多年生草本で草丈は1m。全体が白色の毛に覆われる。よく分岐し、地表を這って1mほどの範囲に広がる。短い柄をもつ葉は卵形から三角形で不規則に浅く裂け、不揃いの鋸歯を持つ。葉の脇から30㎝程の花茎を出し先端に直径8㎜ほどの頭状花をつける。筒状花は黄色、舌状花は3~7枚で咲き始めは黄白色だがすぐに白色となる。戦後帰化。繁殖力が強く、道端や屋上、石垣の上などにも繁茂する。熱帯アメリカ原産。

①花
②冠毛
③花の拡大

シンクリノイガ(キク科)

1年性草本で草丈は15~40㎝。基部は這って70㎝にも伸びる。葉は5~20㎝、葉鞘はほぼ扁平、葉舌には1~2㎜の毛がある。茎の頂に8~30個の総苞に包まれた小穂がつき、3~10㎝の穂となる。総苞内に4個の小穂があるが、不稔のものがある。花期は7~9月。戦後帰化し、沖縄県内各地の道端、海岸近くに見られる。熱帯アメリカ原産。

①総苞
②果実の拡大
　② -1 雌しべ
　② -2 雄しべ
③苞の中の種子

ムラサキヒゲシバ、シマヒゲシバ(イネ科)

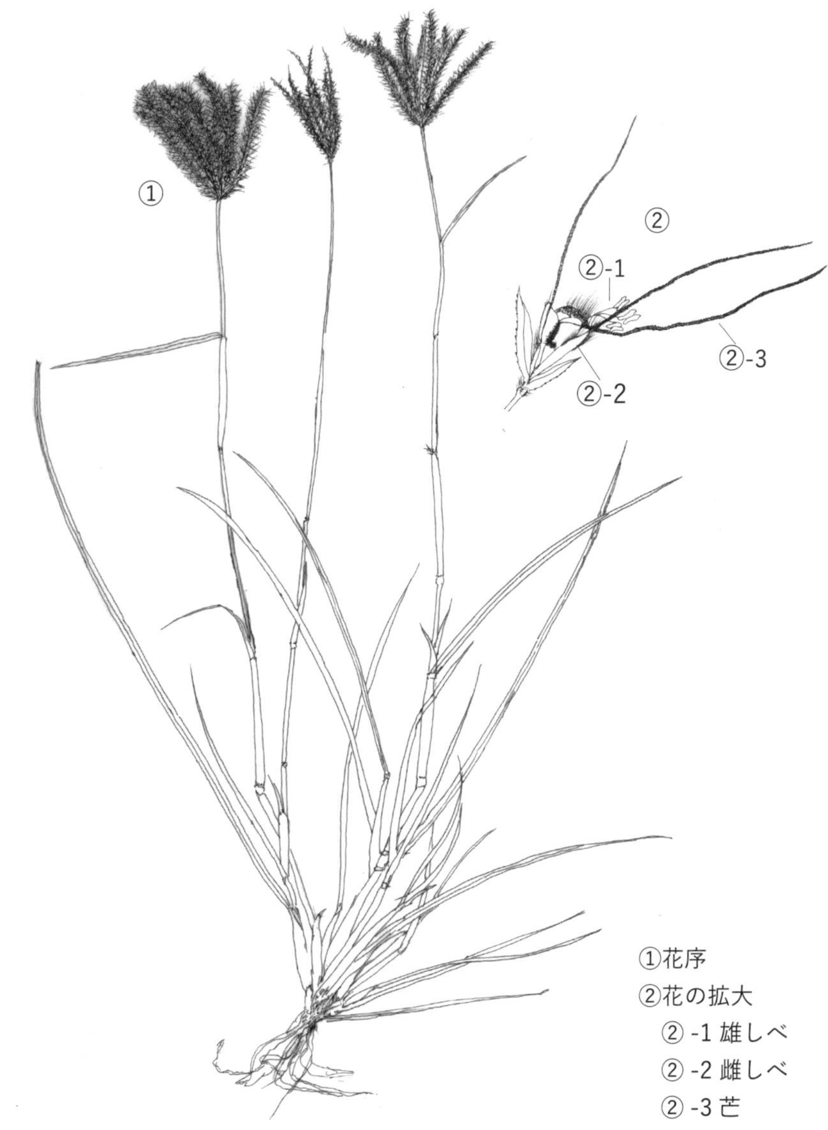

①花序
②花の拡大
② -1 雄しべ
② -2 雌しべ
② -3 芒

多年生草本で草丈は30~80㎝。道路脇や草地でよく目にする。茎の先端に扇状のムラサキ色の穂状花序をつける。小穂は2~3㎜の小花を持つ。沖縄には戦後帰化し、繁殖力が強く生育域を拡大している。よく似たアフリカヒゲシバは大型で群生し、淡黄褐色の穂をつける。熱帯アメリカ原産。

ヒメオニササガヤ（イネ科）

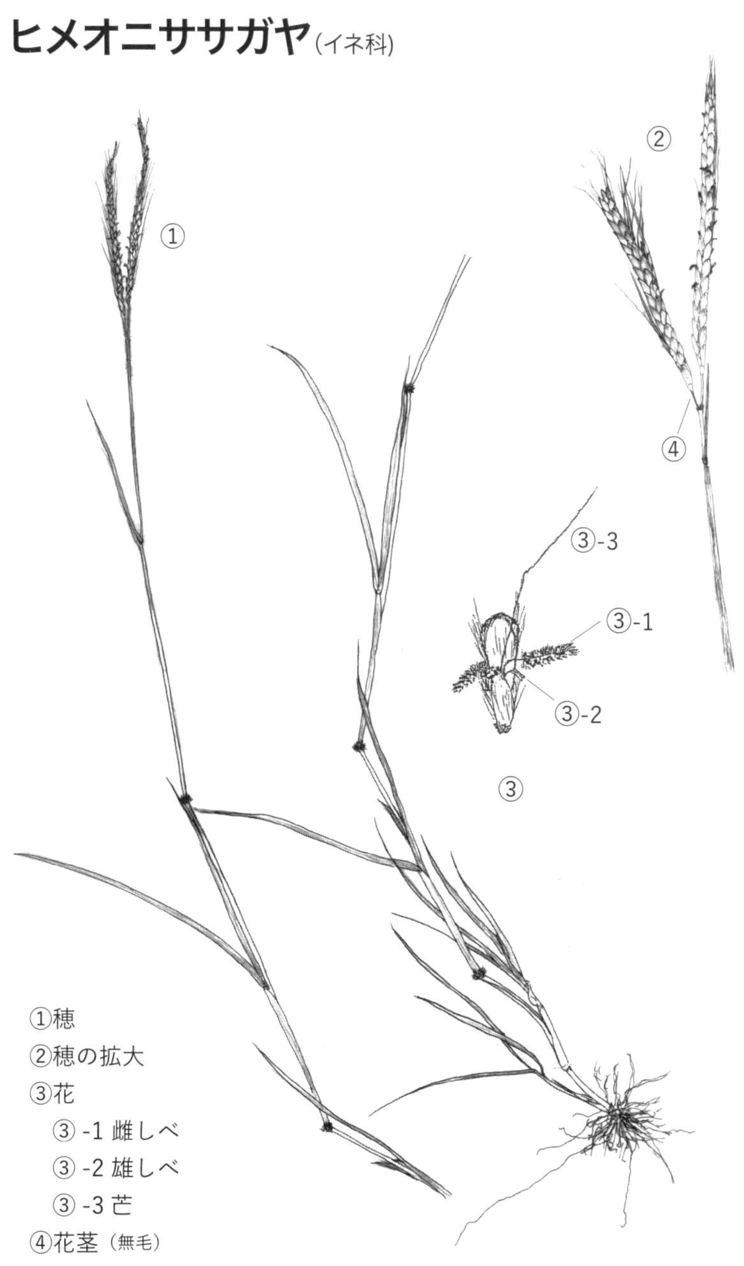

①穂
②穂の拡大
③花
　③ -1 雌しべ
　③ -2 雄しべ
　③ -3 芒
④花茎（無毛）

多年性草本で草丈は30~80㎝。11~5月に花をつける。花序は6~14個の穂状花序。沖縄では1975年に牧草として導入したものが逸脱し、急速に分布域を広げつつある。よく似るオニササガヤとは総花弁と花茎の間に毛がないことで区別される。

ツルヒヨドリ(キク科)

①葉の形態
②花

多年生草本で大形のつる性。葉は対生、心形で 4~15㎝、幅 3~10㎝、三行脈をもち波状の鋸歯がある。開花は 11~12 月頃、果実は 12~1 月頃。頭状花は 3㎜で黄白色。冠毛(綿毛)の下の小さな種子は風により散布される。瞬く間に沖縄全域に分布域を拡大し、畑作地や林縁周辺部の植物に多大な害を及ぼしつつある。南北アメリカの熱帯地域原産。

①花序
②雌花
③両性花
④受粉後・種子になる前
⑤冠毛（綿毛）を持つ種子

コラム④

消えた赤い実の木はサンゴジュ

何年も末吉公園での植物観察を続けていると、散歩をする人と知り合いになり、昔の末吉の話を聞くことがある。

昭和 23 年生の比嘉真盛氏からは「末吉の川で“ササ”を入れて魚をとった」話を聞くことができた。末吉の川の近くは田んぼや田芋畑であったという。

比嘉氏は中学 2 年生の頃、友人とよく川で遊んだ。川には魚やドジョウ、ターイユ（鮒）、カニなどいろいろいたという。

「魚やカニをとるのに山へいって赤い果実のつく大きな木の葉を取り、川近くの石畳で、近くにあった枯れたタバコの葉もいっしょにつぶして川へ入れた。しばらくすると魚、ドジョウ、フナが浮いてきた。それを取って家で食べた」とのこと。

ササ（魚毒）入れに使ったその植物は後日調べたら「サンゴジュ」であった。サンゴジュは人気がある木で、葉はツヤがあり、大きい。厚い葉が密集するので火に強い木とも言われている。花は白色で、果実は赤熟しサンゴの様にきれいである。しかし残念なことに、現在ではサンゴジュは末吉公園では見当たらない。

名護岳の頂上で大型のサンゴジュがたくさんの花をつけて咲いていたのを見た。その姿は堂々としてりっぱで、まるで絵巻の中から抜け出て来た様で深い感銘を受けた。末吉にもまたサンゴジュが戻ってきて欲しいものである。

サンゴジュの白い花

サンゴジュの赤い果実（2022.6、糸数城跡）

Ⅳ　在来植物

明治以前から沖縄に分布し、生育している木本植物。林を形成している多くの樹木（高木･低木)。ヤブニッケイ、ホソバムクイヌビワ、ナガミボチョウジなど。

ソテツ(ソテツ科)

スーティーチャー(沖縄、首里)

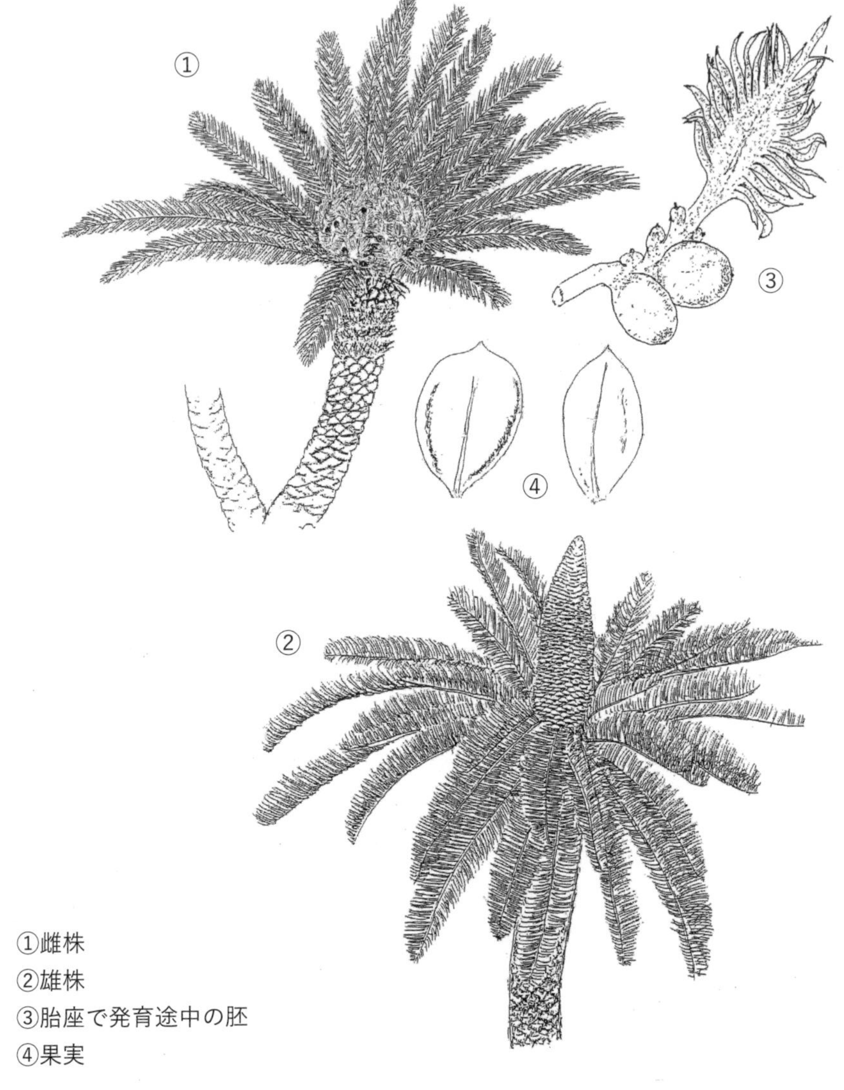

①雌株
②雄株
③胎座で発育途中の胚
④果実

裸子植物で樹高 2~5 m。葉は大きい羽状複葉で 50~100㎝程、幹は太く、円筒状で径 20~30㎝になる。幹の先端はの鮮緑色の葉冠となる。雌雄異株で 5~6 月には雌雄の株ごとに花が咲き 12~2 月に朱色に果実が熟する。受粉の過程で、雌花の中に入った花粉から精子が見つかり大きな発見となった。中国原産で 15 世紀頃には沖縄に伝来していたといわれる。琉球王府時代には植栽が義務づけられ、耕作地以外に植え付けられた。石灰岩地に生育し庭園樹などに活用される。幹や実にある有毒成分（サイカシンなど）を除去し救荒作物として利用された。現在でも地域の特産品として味噌やクッキーなどいろいろ利用されている。

イヌマキ(マキ科)

チャーギ(沖縄)

① 雄花
②果実
③花托

常緑高木で樹高 20 m、幹は 50~60㎝。葉は互生し、厚く披針形から広線形で 10㎝、幅 1㎝、雌雄異株。3~4 月頃に開花し実は 8~9 月に熟する。肥厚し紅熟した実の下部にある雌花を支えている花托は甘味があり食する事ができる。花托の先には卵円形で大豆大の白粉をつけた果実があり青白色に熟する。沖縄自生のイヌマキは本土産にくらべ葉幅が広い。硬くて水やシロアリに強いので首里城の再建や建築材、家具材として利用されている。

リュウキュウマツ(マツ科)

マーチ(沖縄)

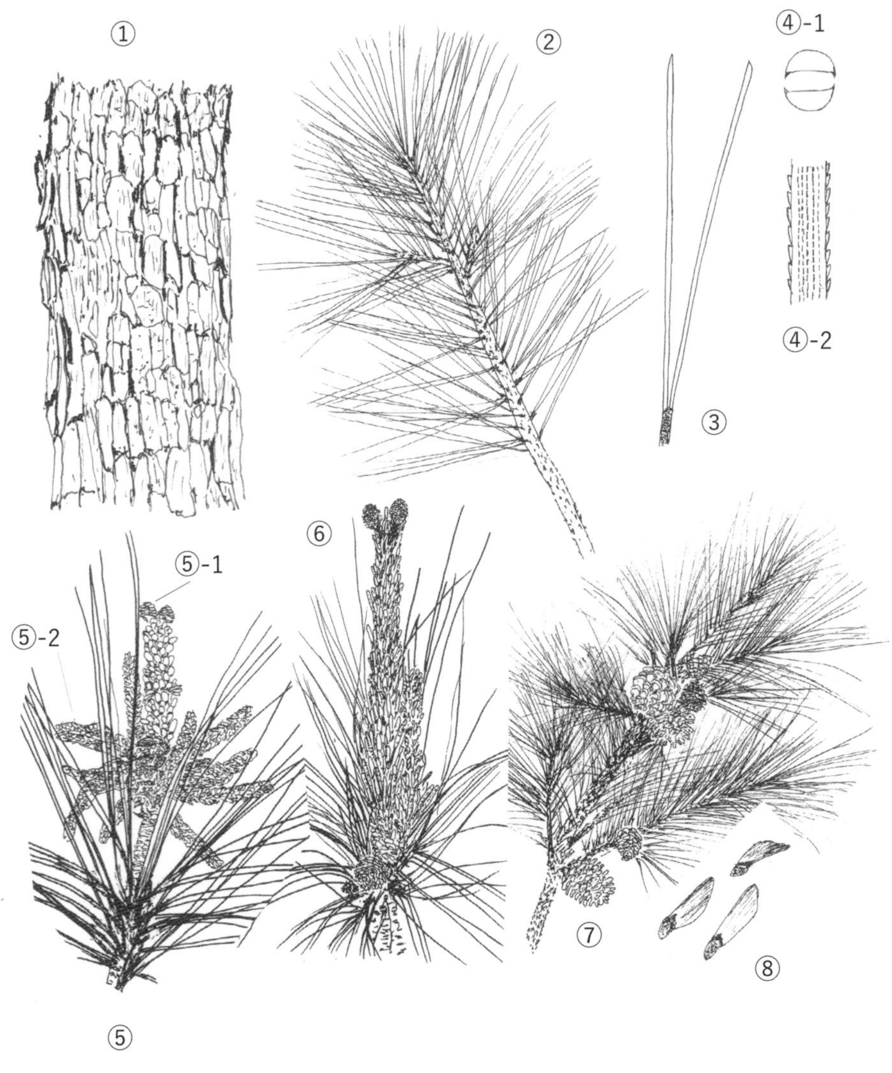

常緑高木で樹高 25 mにもなる。葉は 2 葉で長さ 15㎝内外。花は 2~3 月頃に咲き、受粉後種子をができるまでに 1 年半～ 2 年かかる。琉球列島の固有種で南北大東を除きトカラ列島から与那国島に分布する。松脂、松根油がとれる。シロアリに対しては弱いが水や湿気に対しては強い。器などに使用されている。ゴマダラカミキリが媒介する松材線虫病によって過大な被害を受けたが、近年では復活しつつある。1972 年に沖縄県の木に制定された。

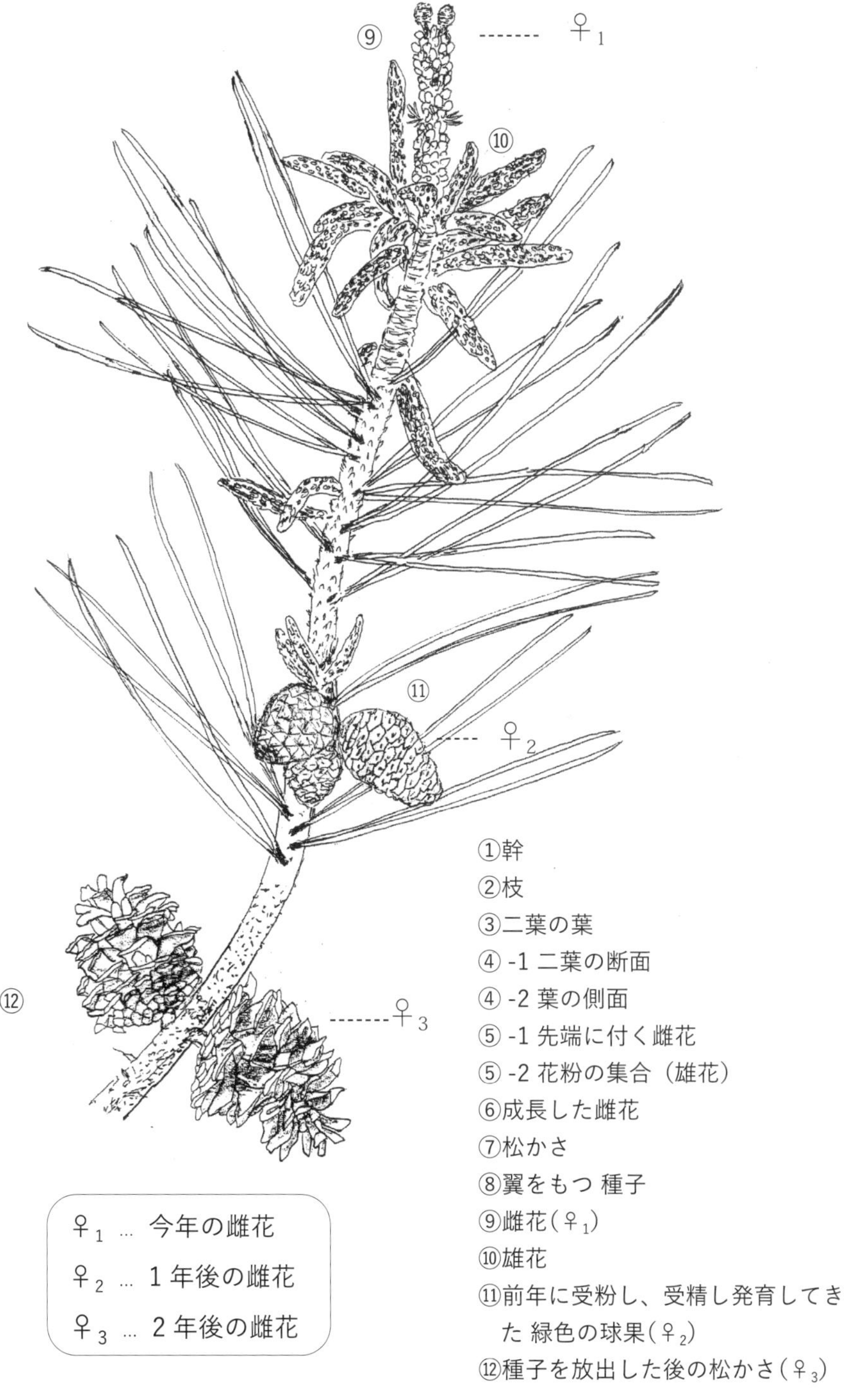
⑨
♀$_1$
⑩
⑪
♀$_2$
⑫
♀$_3$
①幹
②枝
③二葉の葉
④ -1 二葉の断面
④ -2 葉の側面
⑤ -1 先端に付く雌花
⑤ -2 花粉の集合（雄花）
⑥成長した雌花
⑦松かさ
⑧翼をもつ 種子
⑨雌花(♀$_1$)
⑩雄花
⑪前年に受粉し、受精し発育してきた 緑色の球果(♀$_2$)
⑫種子を放出した後の松かさ(♀$_3$)
♀$_1$ … 今年の雌花
♀$_2$ … 1 年後の雌花
♀$_3$ … 2 年後の雌花

クワノハエノキ(ニレ科)

ビンギ(沖縄、首里、知念)

①左右不対称の葉
②雌花
③雄花
④雄花の集合
⑤果実

落葉高木で樹高は 8~15 m。樹皮は灰白色で斑点がある。葉は中肋の左右が不対称、互生し桑の葉に似る。2 月頃新葉と共に花が咲きはじめ、枝の上方には両性花、下方には雄花がまとまってつく。花梗は 5~10㎜、実は球形で 6~7㎜、7~8 月頃に暗黄赤色に熟する。沖縄各島、九州、屋久島以南、小笠原に分布する。先島にはサキシマエノキ、タイワンエノキはあるが、クワノハエノキは見られない。

カジノキ(クワ科)

カビギ(沖縄広域)カビギー(首里)

①幼木
②雄花
③果実になりつつある雌花

落葉性亜高木、樹高は5~8 m、石灰岩地域の山裾に見られる。樹皮は灰黒褐色、新葉は広卵形、鳥の足形に見える。雌雄異種、雌花序は1㎝程で短軟毛が密生する。球形の雄花序は太くて長い8㎝ほどの円筒形で垂れ下がる。若い樹皮は製紙の材料として琉球王府時代から重宝され、果実は薬用として使用された。

ホソバムクイヌビワ（クワ科）

ファチコーギ（沖縄諸島）

①果嚢（のう）

常緑小高木で樹高 5~8 m、低地の林内に生育する。樹皮は黒褐色で若い枝は粗毛を有しザラつく。果嚢（雌雄の花が袋状のものに入っている状態）は球形で柄は短くザラつく。葉は短柄を有し狭披針形から楕円形まで変化に富み、ザラつきがあり、研磨に利用された。樹液が皮膚に触れると痒みをもたらす。奄美、徳之島、沖永良部、沖縄、八重山群島に分布。

ケイヌビワ(クワ科)

ミンチャンプー(沖縄、首里)
アンマーチーチ(沖縄)

①果嚢

落葉低木で樹高 3~5 m。雌雄異株。葉は楕円形で葉柄、葉、若い枝には軟毛がある。果嚢は葉の脇に 1 個つき球形で径 8~10㎜。雌雄を見分けるのは困難だが果嚢をつまんでスポンジ状だと雄株、硬ければ雌株だと区別できる。果嚢は紫黒色に熟する。虫の発生する果嚢と発生しない果嚢があり、虫の発生しない果嚢を使ってジャムなどを作る事が出来る。

ガジュマル(クワ科)

ガジマン(沖縄、首里、安田)
ガジマル(沖縄諸島)

①果嚢(のう)
②気根

常緑高木で樹高 8~10 m(20 m)。枝から多数の褐色の気根が垂下し一部は地について枝を支える太い支柱根となる。葉は長楕円形で5~8㎝、全縁。イヌビワ類と同じく果嚢をつけ、無柄のやや平たい球形、径は 5~10㎜、雌雄同株で1つの果嚢に雌花、雄花、虫を育てる花(虫えい花)がある。果嚢内には微小なガジュマルコバチやオナガコバチ、そのほか多数のコバチ類や昆虫が生息している。

オオイタビ（クワ科）

チタ（沖縄、首里、知念）

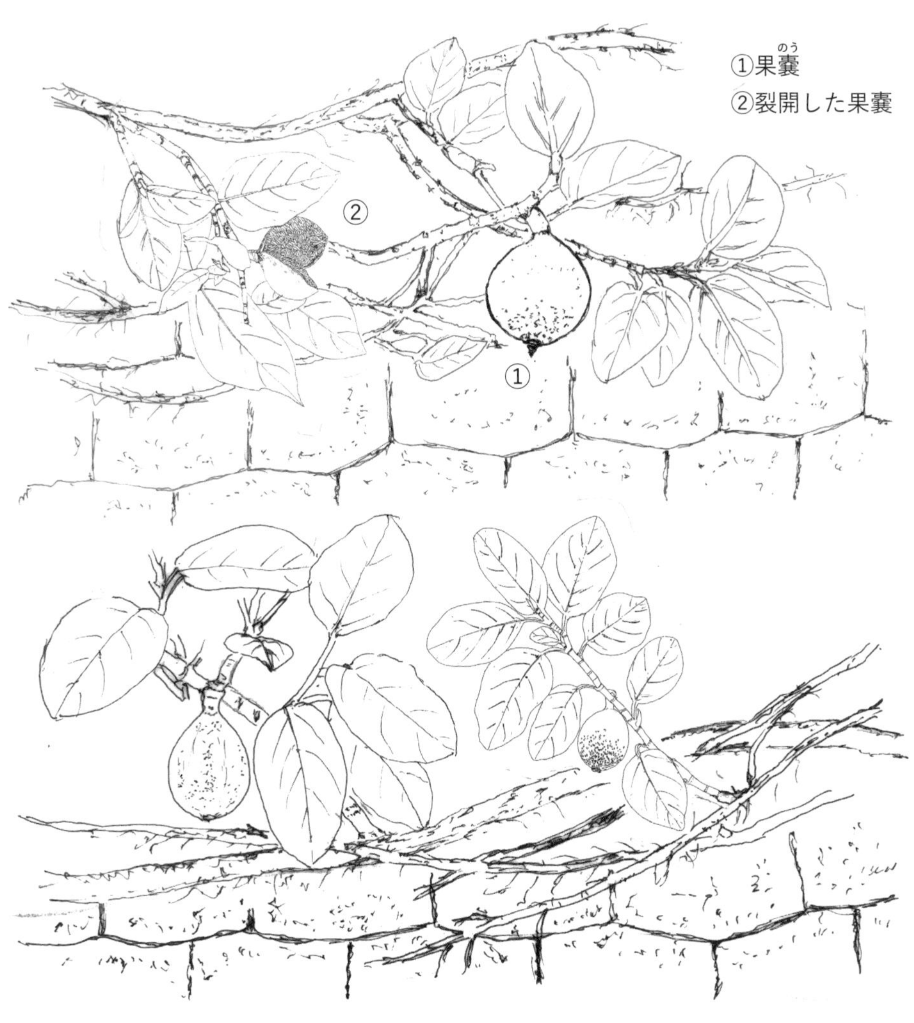

常緑ツル性低木で樹幹や岩の上などによじ登る。茎は分岐が多く、直径は5㎝ほどにもなる。葉は厚く楕円形で4~10㎝。葉の下面には飛び出した細い葉脈があり細毛を有している。果嚢は洋ナシ型で径は3~4㎝ほどで緑色、熟すると紫色をおびる。本種は雌雄同株であるが、時には雌雄異種となる。雌株の果嚢は雌花のみからなり、種子を作るが虫は育たない。その果肉はジャムなどに利用できる。雄株の果嚢には雄花が多くつき、種子を作るが虫も育てる。果実はスポンジ状となり早落する。

オオバイヌビワ(クワ科)

トゥトンギ(沖縄)

①果嚢（のう）

常緑高木で樹高 8~10 m。全株無毛。2~3㎝の托葉があり、葉の大きさは 10~20㎝で全縁。雌雄異株。平たい球形で径 1.5㎝の果嚢が葉の腋に 1~3 個、雌雄どちらの株にもつく。熟すると径が 2㎝ほどになり緑褐色を呈する。雌株の果嚢は少々甘味があり、食することができる。奄美以南の沖縄諸島の低地に生え、台湾、フィリピンなどに分布する。葉はノニジュースとしてブームになったノニの葉に似ていて、間違えて植栽したエピソードなどがある。

アコウ(クワ科)

ウシク(沖縄)

①果嚢(のう)(幹生花)

常緑高木で樹高 10~20 m。気根を出すが、ガジュマルのような支柱根は作らない。径は 3~8 ㎜の無柄で白熟する果嚢を枝や幹につける。雌雄同株、葉は互生し全縁、葉柄は 4~6㎝程で長く、時々落葉するが直ちに萌芽する。1 つの果嚢の内に雌花、雄花、虫を育てる花(虫えい花)がある。昔から民謡などにも登場し、親しまれてきた木である。

ハマイヌビワ（クワ科）

アンカニク（沖縄）

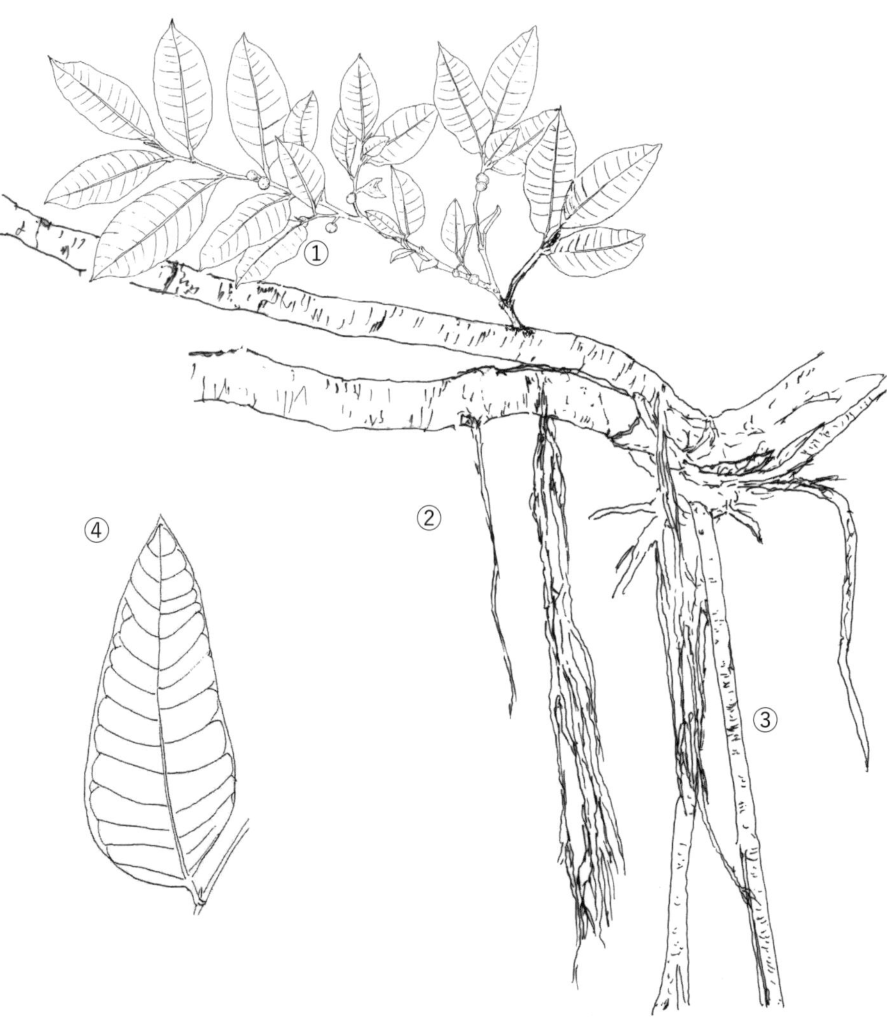

常緑の低木又は小高木で樹高 3~7 m、全株無毛。気根は長く伸び、支柱根となる。葉は厚く革質で全縁の楕円形、斜脚、表面は光沢がある。葉の脇から 1~4 個の球形の果嚢をつけ紅熟する。雌雄異種で雌雄の果嚢は同形。石灰岩地に多く、奄美大島以南の琉球に見られる。

①果嚢（のう）
②気根
③支柱根
④葉（斜脚）

ヤマグワ(クワ科)

クヮーギ(沖縄)、ナネーズ(石垣)

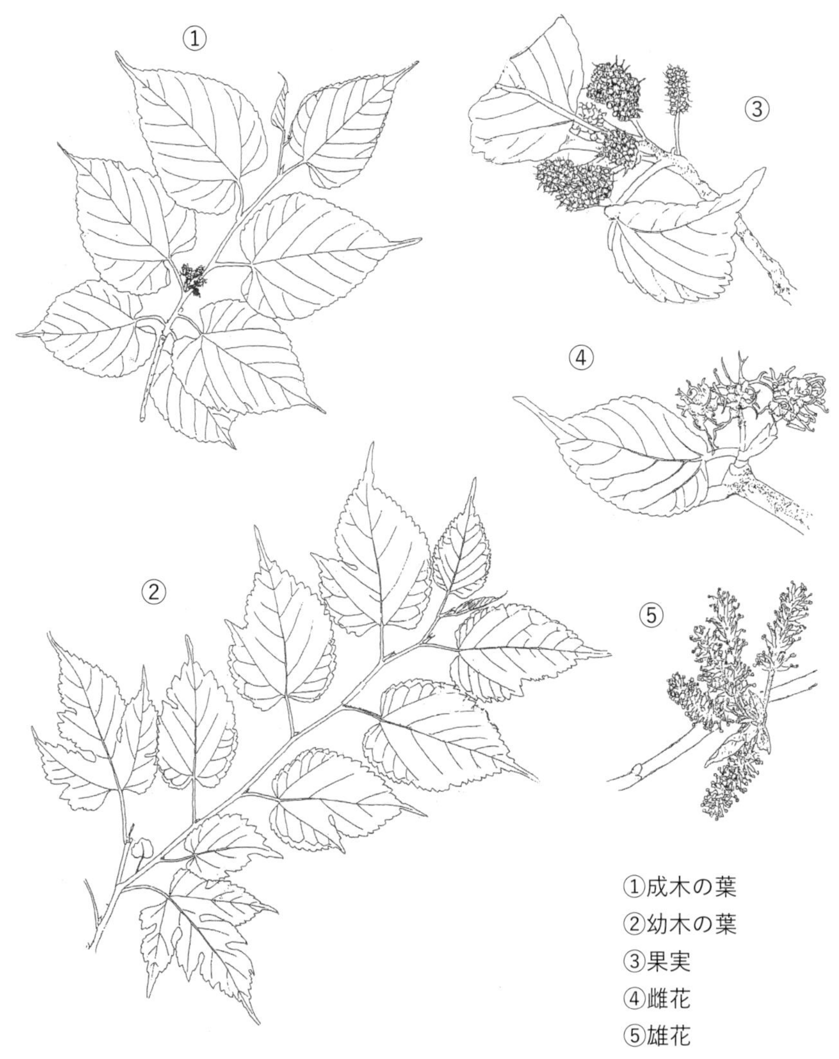

①成木の葉
②幼木の葉
③果実
④雌花
⑤雄花

落葉中高木で樹高 3~10 m。葉は互生し、卵形で両面無毛、表面は深緑色で光沢があり縁には粗い鋸歯がある。幼木の葉身は時に深裂し変化に富むものが見られる。雌雄異株でまれに同株があり、雄花は花弁が無く尾状花序は円筒形で長さ 2㎝。雌花序は球形又は楕円形で4~6㎜、多数の雌花をつける。葉は養蚕、緑化に利用され、材は高級材とされる。また枯木はキクラゲの栽培などにも用いられる。紫黒色に熟する集合果は美味しく食する事ができる。台風などで葉を落とすと、再び新芽と共に実をつける。

コウシュウウヤク(ツヅラフジ科)

タンメーグリギー(沖縄、久手堅)

①果実
②雌花
③雄花の拡大
④ 3 行脈の葉
⑤ 3 行脈の葉の断面

無毛の常緑低木。枝は緑色でやや扁平、稜が著しい。葉は互生し有柄、薄い革質、3 行脈で葉の縁側の脈から縁の部分がせり上がる特徴的な形を呈する。雌雄異株。4-5 月頃に円錐状に黄緑色の小さな花をつけ、球形の核果が黒熟する。樹形が良いので庭園木としても重宝される。「衡州烏薬（コウシュウウヤク）」とも著わされ、実は黒熟し、高血圧、頭痛、腹痛、リュウマチに効くとされていたが現在では薬としては使用されていない。九州南部からヒマラヤにかけて分布する（山科植物資料館）。方言名のタンメーグリはキノボリトカゲのこと。

ヤブニッケイ(クスノキ科)

シバキ(沖縄、首里)

①花
②果実

常緑の中高木で樹高 15 m、幹は 80㎝。樹皮は黒褐色で平滑。葉は亜対生、卵状長楕円形で 3 本のはっきりした葉脈がある。花は 4~5 月頃に咲き 4~5㎜、果実は 1㎝程の広楕円形で黒熟する。沖縄各島に自生し材は堅く芳香がある。油分が多くよく燃えるので、昔日は薪として重宝された。種子も油分が多く搾油して薬用として用いられた。葉がよく似るオキナワニッケイは桂皮油の量のが多く、葉を折ると香りを強く発するのでヤブニッケイとは区別される。

ハマビワ(クスノキ科)

ヤマビワ(首里)、ガラサームック(末吉)

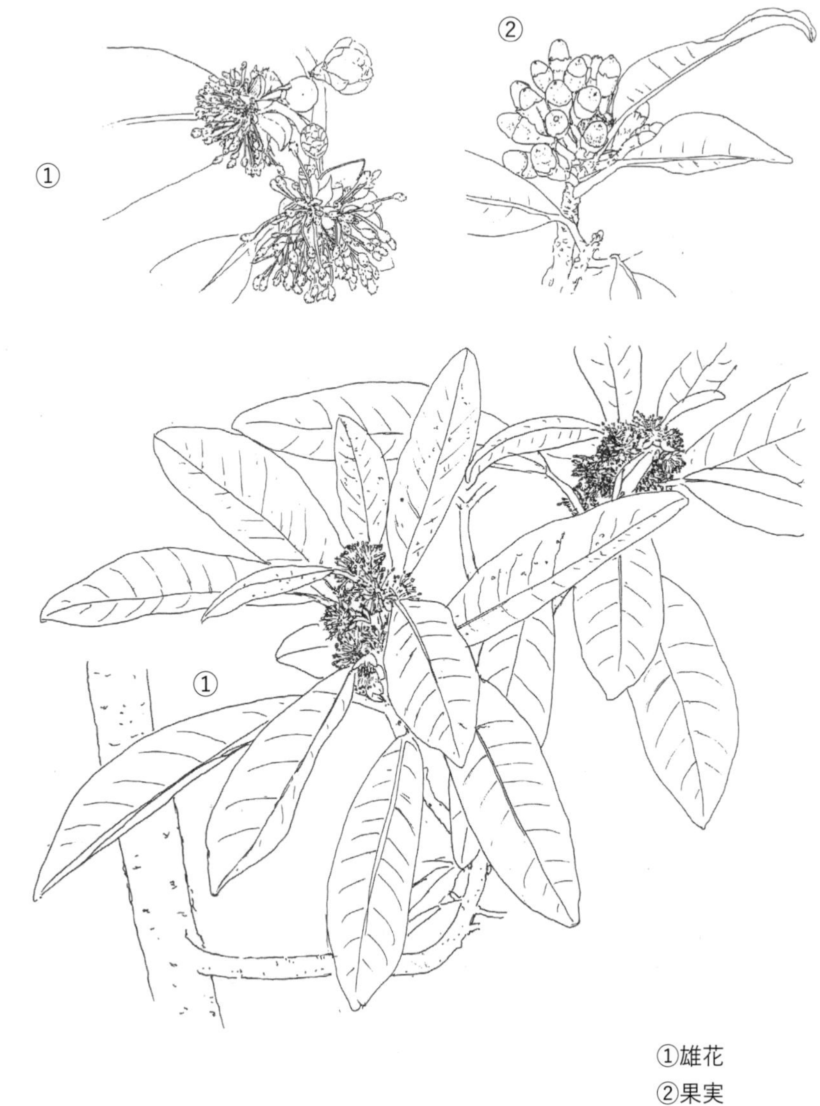

①雄花
②果実

常緑の小高木で樹高 7~8 m、海岸に多い。葉は楕円形で 10~15㎝、上面は無毛で下面は褐色の柔毛を密布する。秋に径 1㎝程の黄色の花をつけ、楕円形の果実は翌年の秋に黒褐色に熟し、1㎝程の種子を 1 個つける。10 月から 11 月頃にかけての花の時期に沢山のチョウや昆虫が群がる風景は圧巻である。

シロダモ(クスノキ科)

ヤマダックヮワ(沖縄、首里)

①果実

常緑樹で樹高 10 m。幹は 40㎝、樹皮は黒褐色で平滑。葉は長楕円形で 8~18㎝、先の尖る 3 行脈があり、枝の先に車輪状に集まる。新芽の時は葉の裏はロウ物質で覆われ、白っぽく見えることからウラジロとも呼ばれる。雌雄異株。花序は枝の基部につき 11~1 月に開花する。小さい黄色の雄花は筒状に多数つき、液果は翌年に赤く熟する。花から結実するまでに長期間を有するので、同じ枝に花と果実が見られる。

ギョボク(フウチョウソウ科)

アモキ(沖縄、首里)イオキ(沖縄物産志)

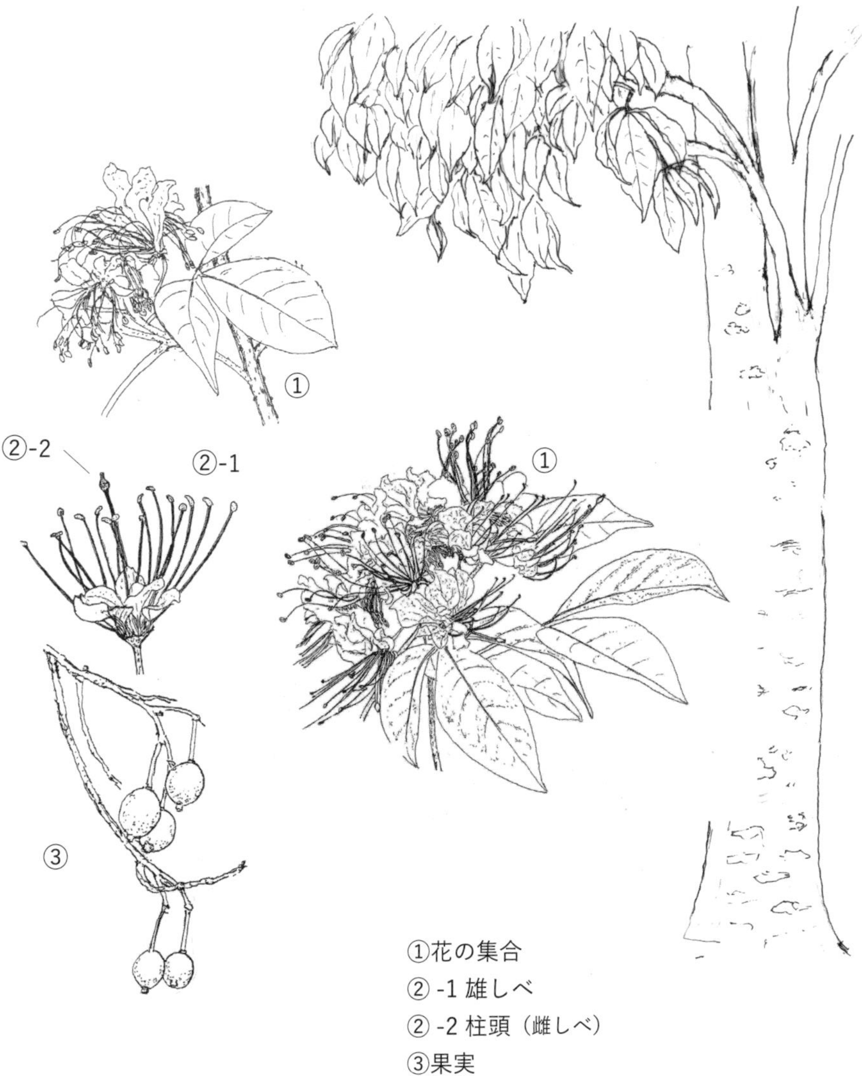

①花の集合
② -1 雄しべ
② -2 柱頭（雌しべ）
③果実

落葉の小高木で樹高 3m 程、石灰岩地帯に見られる。葉は 3 出複葉で互生し 5~12㎝の葉柄がある。フウチョウソウに良く似た白色の花が 6 月に開花する。枝の先につく花はドーム形になり高い部分は 10㎝程、花の時期には樹は白い花で覆われる。大小の花弁を 4 枚もち、雌しべと雄しべをつける両性花で、4~5㎝程の紫色の雄しべが多数突出して特徴的である。フタオチョウの食草。材質は柔らかく、イカ釣り用の餌木を作ったので魚木の名があるらしい。沖縄各島、九州南部に自生する。

イスノキ(マンサク科)

ユシギ(沖縄、首里)

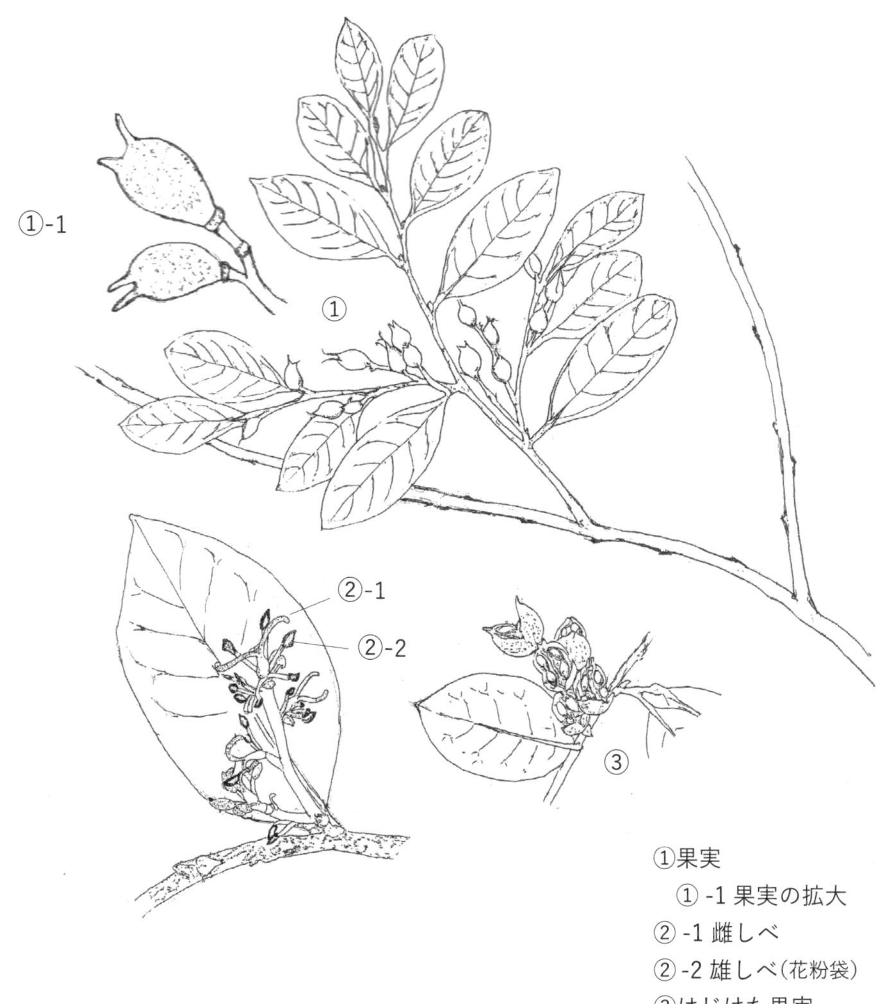

①果実
①-1 果実の拡大
②-1 雌しべ
②-2 雄しべ(花粉袋)
③はじけた果実

常緑の高木で樹高 8~10 mにもなる。葉は厚革質、葉面にはイボ状の虫コブを生ずる。2月に総状花序をのばし下方に雄花、上方に両性花をつける、花弁は無い。両性花には雄しべを1個つけるものが多く見られ、葯(花粉袋)は大形の赤色で目立つ。花柱は深部から2つに裂け、淡紅色を呈する。2個のツヤのある黒色の種子がある。材は緻密で堅く建築材や楽器材などに利用され、木灰は陶磁器の釉薬に使われる。鶏卵程に大きくなる虫コブ(イスノキイチジクフシによってできる)で笛を作り子ども達が玩具として楽しんだ。

バクチノキ(バラ科)

ファゴーギー(与那)、ヤマクワ(石垣、川平)

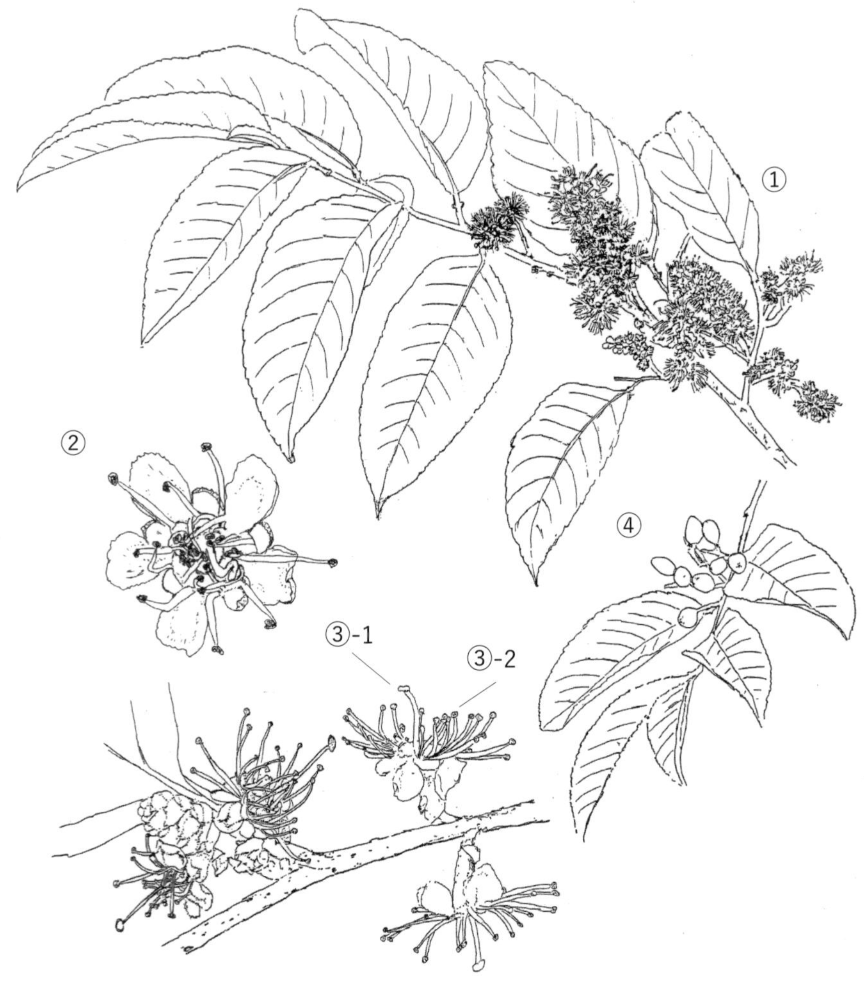

①花の集合体
②花の拡大
③ -1 雌しべ（柱頭）
③ -2 雄しべ
④果実

常緑高木で樹高 4~15m、幹は 1 m。樹皮は灰褐色で外皮はウロコ状に剥がれ、その跡は紅黄色となり独特なマダラ状となる。葉は革質、葉柄は 1㎝で蜜腺が 2 個ある。花期は 10~11 月で多数の花をつける。果実は2~3 月頃に黒紫色に熟する。バクチノキの名は樹皮が剥がれ落ちるのを「バクチに負けて身ぐるみ剥がされる」に例えられたらしい。

オキナワシャリンバイ(バラ科)

ティカチ(沖縄)

①花の集合体
②花の拡大
③赤茶色の新葉
④果実

常緑小高木から低木で樹高 2~6 m。葉は堅く革質、長楕円形で鋸歯がある。幹は直立する。海岸の石灰岩の上から山地の奥まで島中どこにでも見られる。若葉は淡褐色で頂生する。新芽は白色の綿毛を密布し薄茶色から緑色と変化する。2~3 月頃には枝の先端の円錐花序に白色で芳香のある花をつける。果実は球形で径 1㎝程、紫黒色に熟する。梅に似た花が輪生するので「車輪梅」と称された。樹皮にタンニンを多く含み芭蕉布、久米島紬、大島紬などの染色に利用されている。沖縄固有種のオキナワシャリンバイより細い葉を持つホソバシャリンバイが奄美、伊平屋、沖縄北部の山地に見られる。昔日はアカタムン（赤薪）と呼ばれ火持ちが良く重宝された。町中などで目にするシャリンバイ(マルバシャリンバイ）は庭木や街路樹用に移入され定着している。

クロヨナ（マメ科）

ウカファ（首里、知念）

①花序
②花の拡大
③果実

常緑小高木で樹高 2~8 m、海岸近くに自生する。幹は直立し黒みを帯びる。葉は 5~7 個の奇数羽状複葉、小葉は卵形で先は尖る。花は 9 月頃、淡紅色で 1.5㎝、小枝の先に総状につき特徴の有る良い香りがする。ソテツの実を押し潰したような形をした灰褐色で木質の実を多数つける、裂開はしない。緑肥として利用される。

コウシュンカズラ(キントラノオ科)

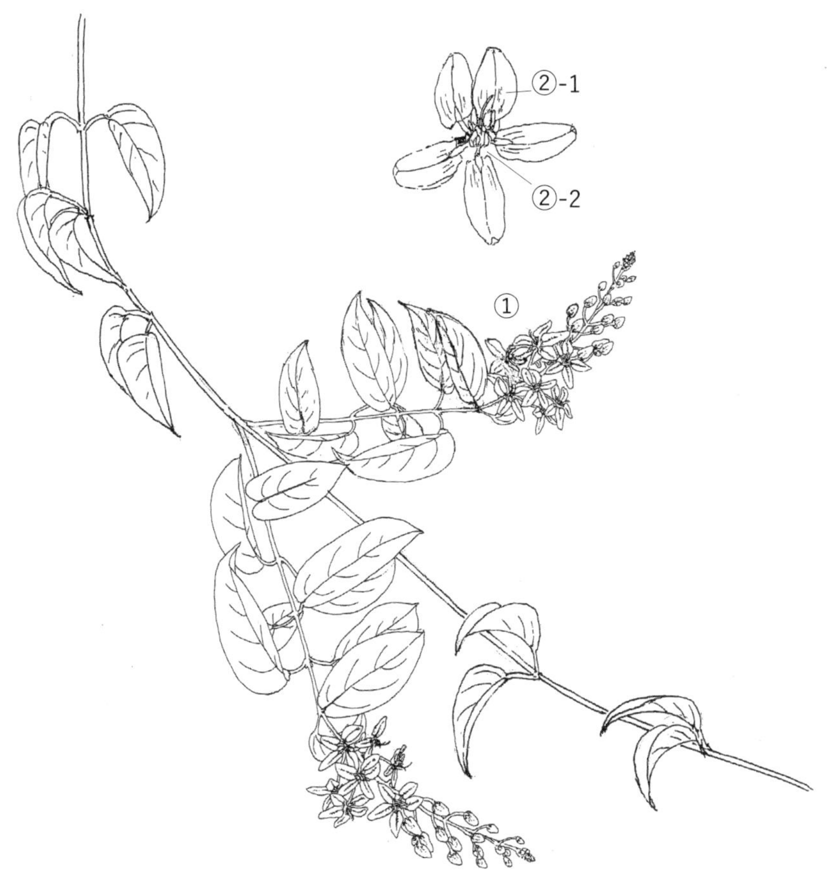

①花序
② -1 雌しべ（柱頭）
② -2 雄しべ

常緑ツル性低木で 10 mにも達する。マングローブの外縁や海岸に自生する。葉は無毛で革質、長楕円状卵形、葉柄の基部には蜜腺があり葉は対生する。花期は 2~12 月、総状花序は頂生し 5~15㎝で黄色の径 2㎝程の花をつける。果実はやや球形で径約 12㎜。庭木として栽培される。気温の低い時期に花を見かけることは少ない。宮古ではピンザヌフサと呼ばれ山羊の餌に利用されている。沖縄(慶佐次のマングローブ林内)、宮古、石垣に自生する。

アカギ(トウダイグサ科)

アカギ(沖縄諸島)、アッカンキ(石垣)

半常緑性の高木で樹高 25 m、全株無毛。葉は 3 出複葉で互生し、雌雄異株。葉の脇には円柱状または総状の花序が多数つく。2~3 月頃に雄花は木全体に多数、雌花は枝にまばらに花びらのない小さな花を開花させる。果実は 9 月頃に淡褐色に熟する。『延喜式（巻 21)』の太宰府供物の内に「赤木南島所進」とある。南方（沖縄）から献上されたのだろうか。

①果実
②雄花
③雄花・拡大
④雌花
⑤雌花・拡大

オオバギ(トウダイグサ科)

チビククヤ(沖縄)

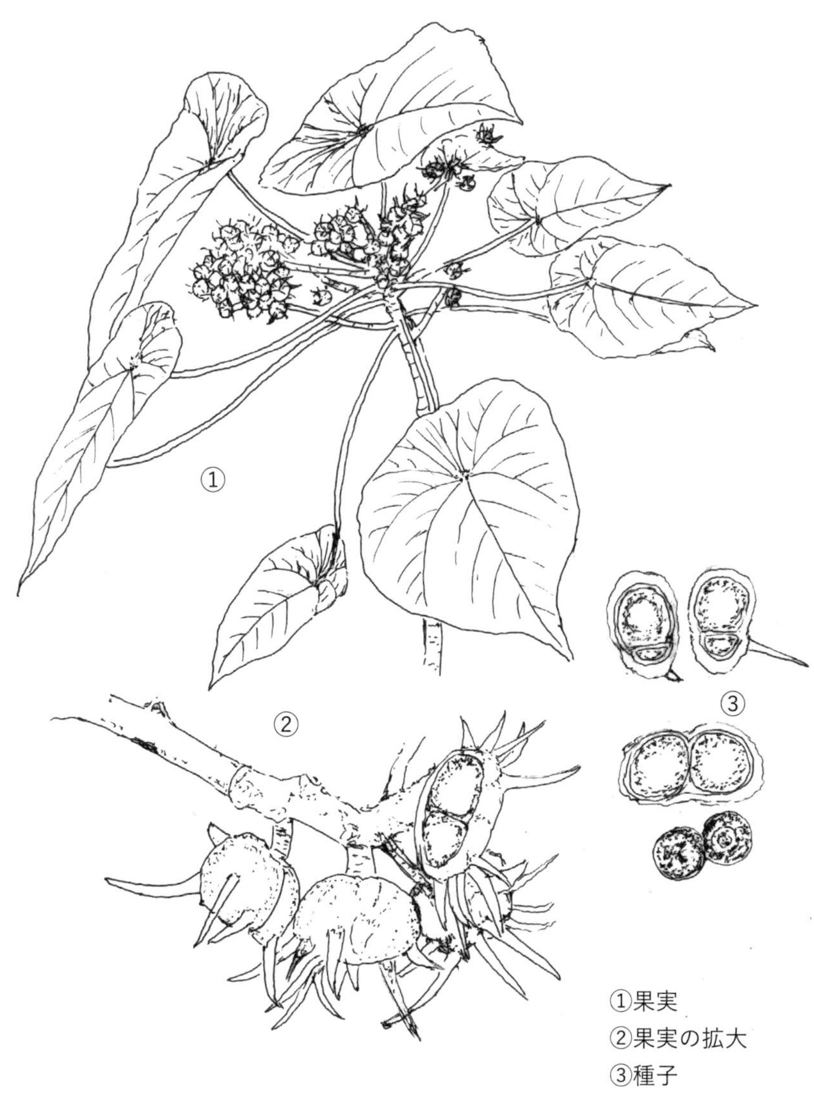

①果実
②果実の拡大
③種子

常緑小高木で樹高 4~10 m。10 〜 25㎝の大形の葉は互生し広卵形で 6~15㎝の柄に楯状につく。雌雄異種、3~4 月頃に黄色で小さな雌花が集まって咲く。果実には通常 2 個の種子があり、径は 10~12㎜、表面に浅い溝があり柔らかいトゲをもつ。種子は球形で黒熟する。ナナホシキンカメムシの食草である。方言名は尻の穴が合着するとの意で、葉の形による。

クスノハガシワ（トウダイグサ科）

スルスルバー（沖縄）

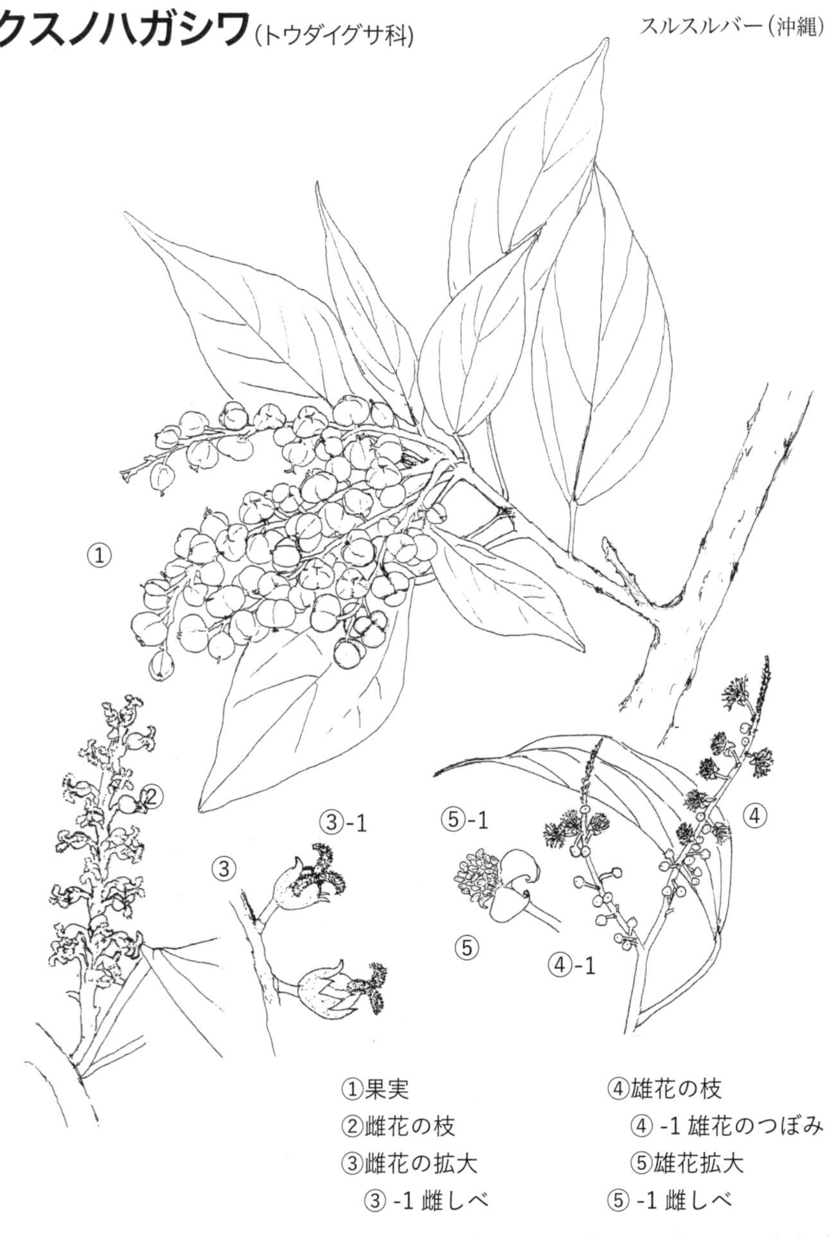

常緑小高木で樹高 4~8m、石灰岩地に見られる。若枝や若葉には褐色の毛がめだつ。葉は卵状長楕円形で先は尖る。雌雄異株、花期は2~4 月、雄花序は 6~26㎝、雌花序は 3~7㎝で枝の先端につく。雄花は淡黄色で 4㎜、雌花の花弁は白色。実は扁球形で表面には紅色の毛が密生し種子は無毛で黒熟する。果実表面の褐色の粉は昔日はサナダムシ等の寄生虫の駆除に使われた。名は葉がクスノキに似る事による。方言名は葉が小風で擦れ合って発する様の形容。

ハゼノキ(ウルシ科)

ハジギ(沖縄)

落葉高木で樹高 5~15 m。葉は奇数羽状複葉で表面にツヤがあり裏面は緑白色。枝先の葉の脇から円錐形に多数の花をつける。花は雌雄異種、雄花は 5 枚の花弁をもち、開花すると反り返る。雌花には小さい 5 本の雄しべと発達した 1 個の子房がある。果実は核果（果肉がない）で径 8~10㎜、9~10 月に光沢のある白灰色となる。果実や樹液でかぶれる事もあるので注意が必要である。沖縄県内では数少ない紅葉樹の一つで季節感を醸し出す。

①果実
②葉のつき方
③花
④花の拡大
　④ -1 雄しべ
　④ -2 雌しべ（柱頭）

コクテンギ(ニシキギ科)

ズリグヮギ(沖縄、首里)

落葉性亜高木で樹高 3~8m、暖帯、亜熱帯の石灰岩地に多い。幹は直立する。葉は楕円形、革質で 3~15㎝、先は尖る。葉の脇から長い花の枝を出し黄白色の多数の花をつける、花期は 4~5 月、稜を持つ四角形の花盤に 4 枚の花弁をつけ、独特の形を呈する。果実は 4 つの稜を持ち、球形に近く熟すると紫褐色となる。10 月頃に紅葉した後、落葉するので季節を感じる事が出来る。方言名は女郎の意。

①枝先につく花
②果実
③花の拡大

ショウベンノキ(ミツバウツギ科)

ジーブタ(沖縄)

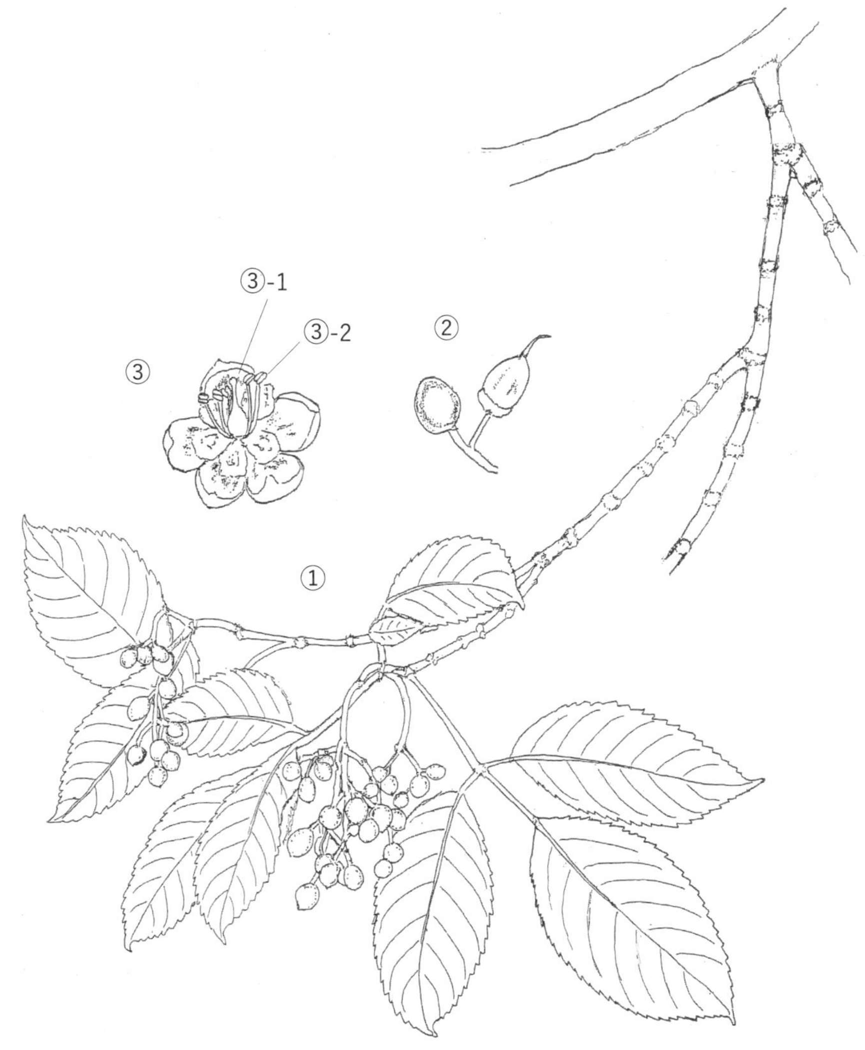

常緑の小高木で樹高は 10 m。葉は対生で 3 出複葉。花は径 6㎜、花弁は 5 枚、白色倒卵形で 3.5㎜。果実は 9~11 月に赤色に熟して径 1㎝程。種子は通常 3 個でキジバトなど野鳥の好物。枝を切ると切り口から樹液が多量に出ることから「小便の木」と称された。毒性があり、樹液が目に入ると腫れるので注意が必要。材は家具、シイタケのほだ木に、葉は家畜の飼料に利用される。亜熱帯に自生し、台湾にも分布する。

①枝につく果実
②果実
③花の拡大
　③ -1 雌しべ（柱頭）
　③ -2 雄しべ

クスノハカエデ(カエデ科)

マミク(沖縄)、ブクブクギー(沖縄、首里)

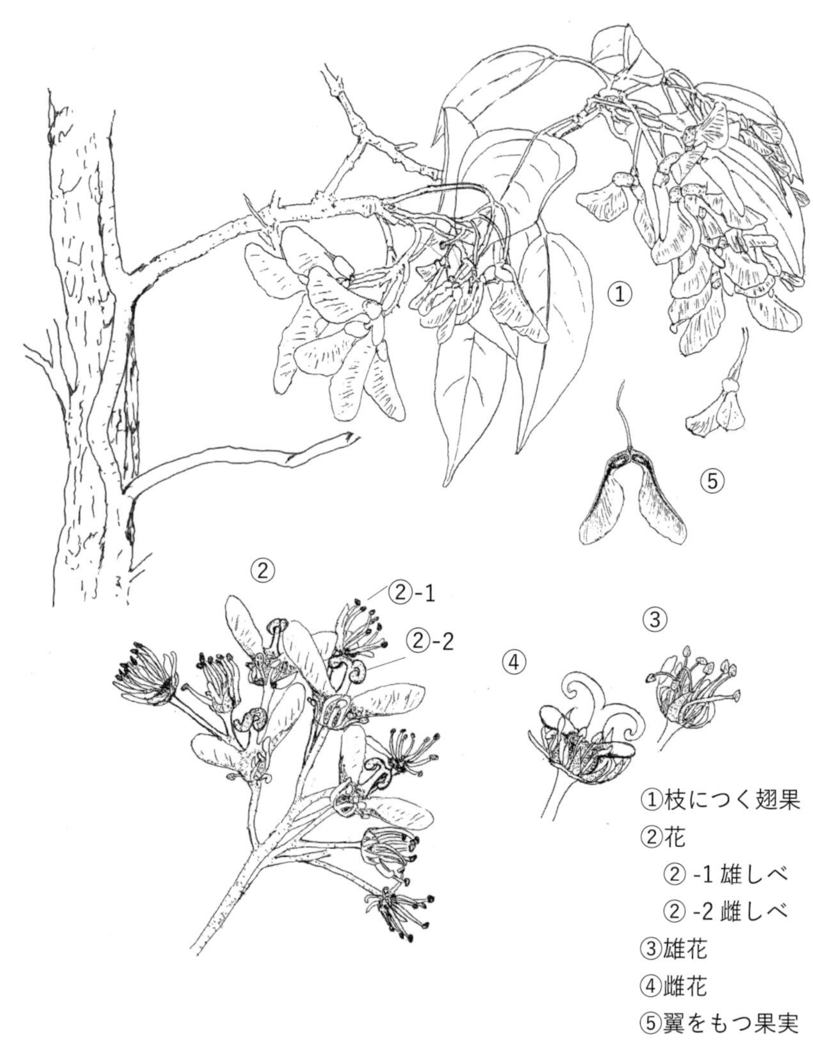

①枝につく翅果
②花
② -1 雄しべ
② -2 雌しべ
③雄花
④雌花
⑤翼をもつ果実

常緑の高木で樹高 15 m、石灰岩地に多く、幹は 60㎝に達する。葉は対生、3 行脈があり切れ込みのない楕円形。雌雄の花弁のない花が同じ木につき、3~4 月に開花する。雌花には柱頭と 1.5㎜の 8 本ほどの雄しべがあり、1.5~2 ㎝の羽状の翼をもつく種子（翅果）が左右に 1 個ずつできる。果実は 7~10 月に熟する。カエデの仲間だが紅葉はしない。沖永良部島、与論島以南沖縄諸島の固有種。基本種はヒマラヤから中国西南部。方言名は水の中で葉を揉むと泡が出る様子の形容。

リュウキュウクロウメモドキ　ヤマザクラ（沖縄、本部、首里、永良部）

（クロウメモドキ科）

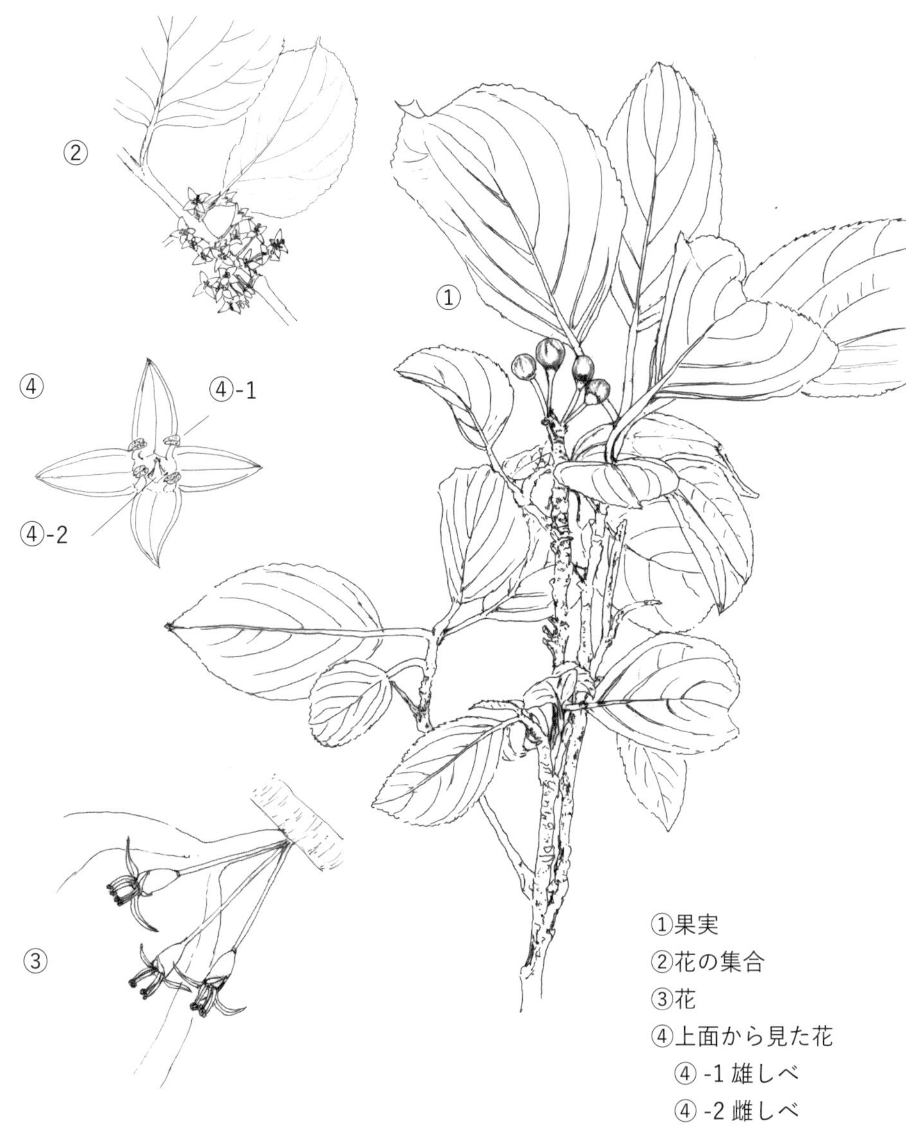

①果実
②花の集合
③花
④上面から見た花
④ -1 雄しべ
④ -2 雌しべ

落葉小高木で樹高は 2~5 m、石灰岩地に多い。雌雄異株。樹皮や葉はサクラに似る。5~8㎝の楕円形の葉は互生や対生といろいろである。2~3 月に黄緑色の花をつける。長い筒のような萼を持ち、雌花は雄しべを持たない。果実は 5 ㎜程の卵形で 8~10 月に黒熟する。トカラ列島以南に分布する。

ホルトノキ（ホルトノキ科）

ターラシ（首里）

①

②

③

常緑の高木で樹高は 10 m、低地林に生える。葉は互生し 6~12㎝、葉縁は波状の鋸歯がある。古い葉は赤変してその都度落葉する。ヤマモモとよく似ているが、鋸歯があることによって見分けられる。花は白色で 5 枚の花弁を持ち、先端は粗い櫛のように裂ける。実は 1.8㎝程の楕円形で青黒色に熟する。街路樹や椎茸のほだ木に利用されている。オリーブの実と混同され、ポルトガルから来た木に因んでホルトノキと呼ばれるようになったらしい。褐色染料がとれる。

①果実
②花
③花の拡大

サキシマフヨウ(アオイ科)

ヤマユーナ(沖縄)

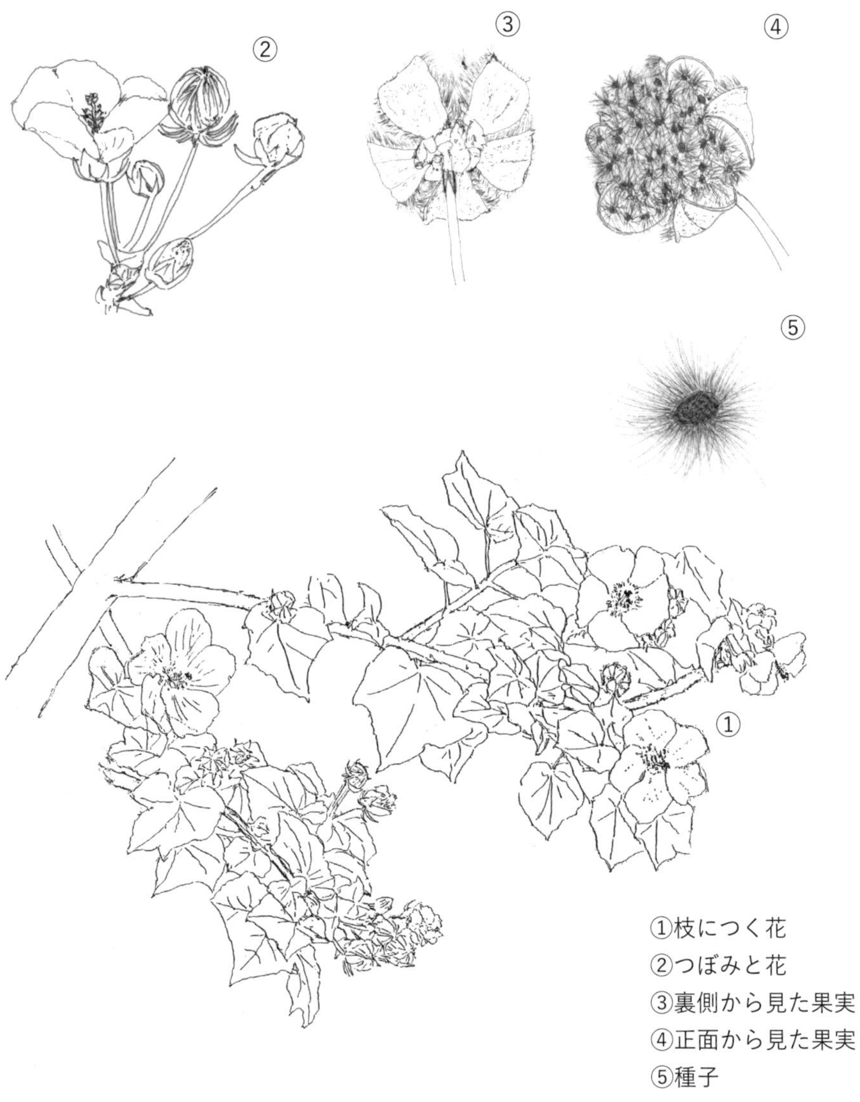

①枝につく花
②つぼみと花
③裏側から見た果実
④正面から見た果実
⑤種子

樹高は2~5 mで山林の林縁部に多く見られる。葉は先の尖った五角形。10~12月頃に8~13㎝程の大形の淡桃色の一日花を咲かせ、濃桃色に変化して落花する。沖縄の秋を彩る。実は2.2㎝程でやや五角形、褐色の長い毛が密生し、多数の種子をつける。先島に多く自生しているためにサキシマフヨウと称された。オオハマボウ(ユーナ)、ブッソウゲ、ムクゲ等が同じ仲間(アオイ科)。

オオハマボウ(アオイ科)

ユーナ(沖縄)

常緑の小高木で樹高 4~12m。葉は円心形で先は尖る、表面は光沢があり裏面は灰白色。深部が暗紫色をした黄色の花が年中咲く。花弁は右巻きや左巻きが見られる。果実は楕円形で毛が密生し種子は 5㎜程の腎形。昔日は大きな葉が日常生活に有効に利用された。方言名は小笠原、屋久島、種子島から琉球のユナ（浜辺）に生えることによる。

①右巻きの花
②左巻きの花
③種子

サキシマハマボウ(アオイ科)

トーユーナ(沖永良部、那覇)

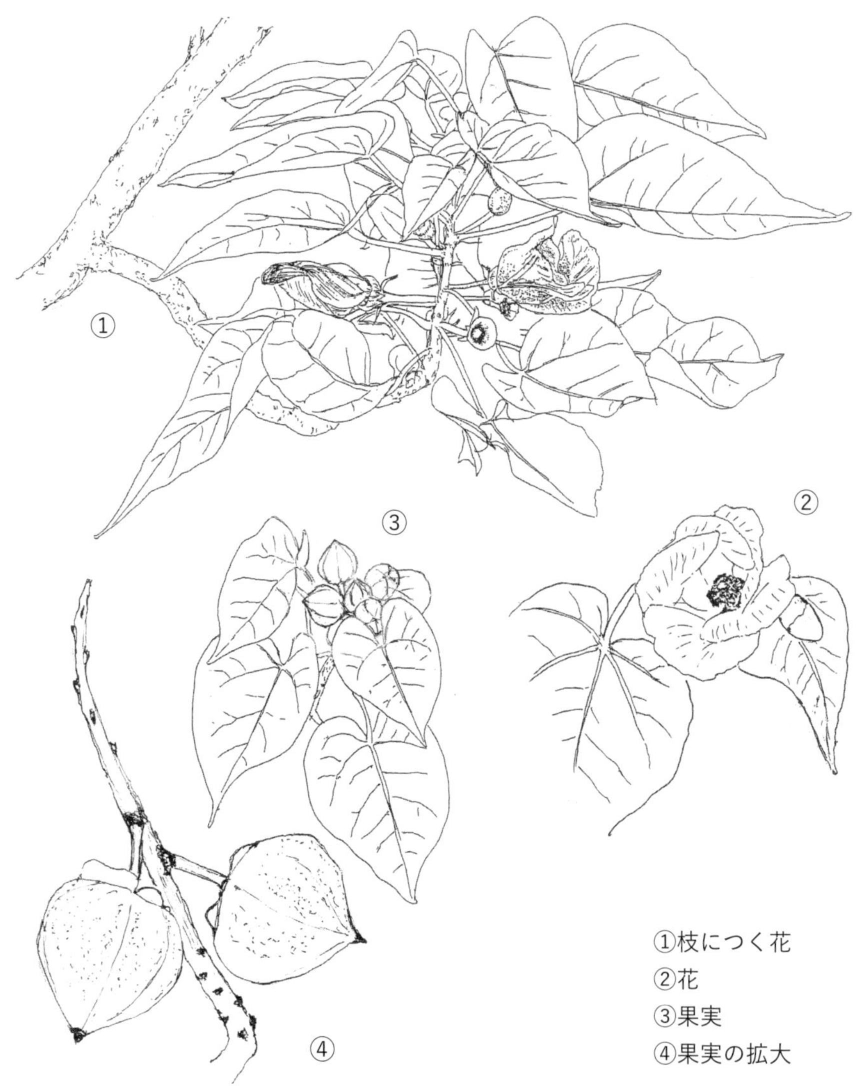

①枝につく花
②花
③果実
④果実の拡大

常緑小高木で樹高 10~15m、海岸林内に生える。葉は 8 ～ 15㎝で先の尖る長いハート形。5㎝程の花は日中は鮮黄色を呈するが夕方には濃紅色に変化する。果実は 3㎝程の球状で黒熟する。果実の中には白色の種子を持つが裂開しない。材は褐色、堅くて水に強いので船材として利用され、また防潮林、防風林等としても植栽される。果実からは黄色の染料がとれる。熱帯アジアから沖永良部まで分布する。

アオギリ（アオイ科）

グスー（首里）カシヌカーキ（西表）

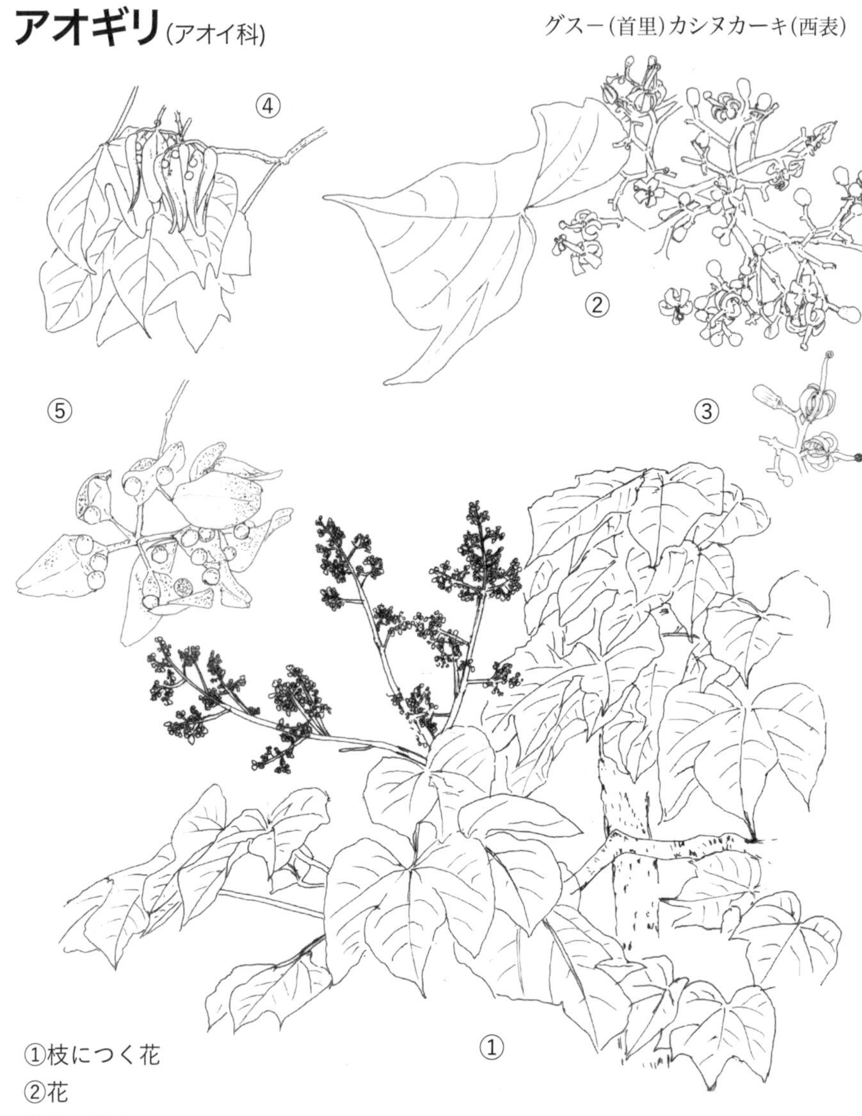

①枝につく花
②花
③花の拡大
④心皮につく種子
⑤心皮と種子の拡大

落葉性の高木で樹高は5~15m、石灰岩地の低地林から山地に生える。幹は平滑、灰緑色で直立する。葉は長い柄を持ち心形、掌状に3~5に裂し先は尖る。花弁の無い花が大形の円錐形となり5~6月に咲く。心皮（雌しべを構成する特殊な分化をした葉）の縁に種子が裸出する。青桐（アオギリ）の名は桐に似た葉と緑色の樹皮に由来する。樹皮からは水に強い縄がつくれる。中国では神聖な木とされ、首里城の庭園にも植栽されている。方言名のカシヌカーキは繊維を取る木の意。

サキシマスオウノキ(アオイ科)

シーワーギー(沖縄、首里)
ダイキ(石垣、西表古見、川平)

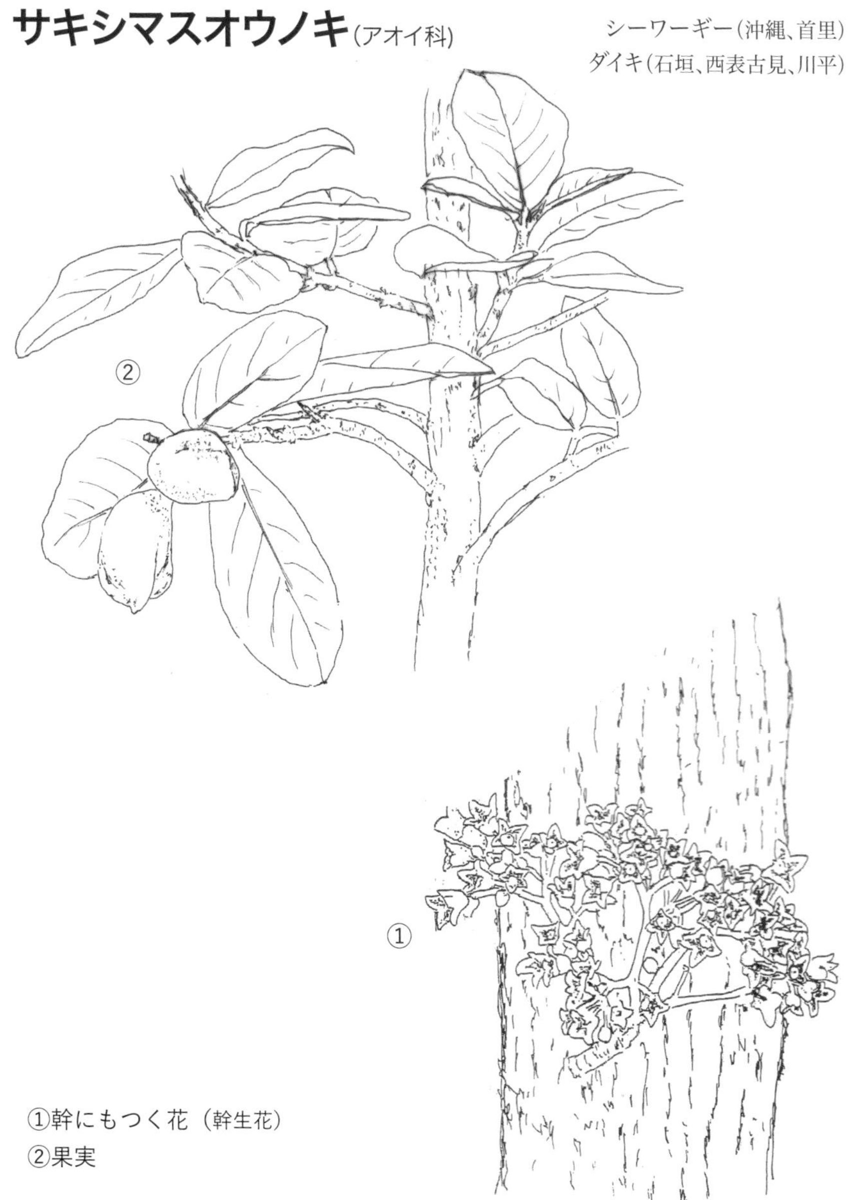

①幹にもつく花（幹生花）
②果実

常緑の高木で樹高は3~15m。幹の下部は波打つような板根となり特徴的。葉は革質（洋紙質）で楕円形、単葉で互生し10~20㎝、上面は光沢があり下面は銀白色。総状花序は円錐形で多数、幹や枝につく。実は4㎝程で竜骨がありウルトラマンの頭部を連想させる。西表島のサキシマスオウノキの群落は国の天然記念物となっている。紅色の染料がとれる。昔日は薬用としても使われた。果実は海水に浮き、海流散布で奄美大島、沖縄島などへ生息地を広げたと考えられる。

テリハボク(オトギリソウ科)

ヤラボ、ヤラブ(沖縄全域)

常緑高木で樹高 20 m、熱帯の海岸近くに生える。沖縄では各島の海岸近辺や石灰岩地に自生する。葉は長く幅の広い楕円形で対生し、表面は光沢がある。葉の裏面の中肋は盛り上がり、中肋の左右から葉の先にかけて密に平行脈が走る。白い香りの良い花が集まって咲く。果実は径 3㎝の球形で油分を多く含み、中には 1 個の種子をもつ。種子の中をくり抜くと笛のように音が出る。果実は海水に浮き海流散布する。冊封使の書いた歴史書『中山伝信録』の中に「ヤラボ」の記載が見える。

①枝につく果実
②花

フクギ(オトギリソウ科)

フクギ(沖永良部、沖縄)

①果実
②雄花
③雌花

常緑高木で樹高 20 m、幹は真っ直ぐで、長い円錐形の美しい樹形は崩れない。葉は厚く楕円形で対生、表面は濃緑色で光沢がある、新芽は黄緑色。雌雄異株で、5~6 月には雌株には 1.5㎝程の淡黄白色の雌花が小枝に密集してつき、雄株の小枝には雄花をつける。核果は球形で径 2.5~3.5㎝、8~10 月に黄熟した果実の中には 1~4 個の種子がある。雄株に雌花を生じ、果実をつける事例が見られた。防風林や屋敷林、防火用として、又黄色の染料として昔日より利用されている。1719 年の『琉球全図』(徐葆光)には「福木」と表記し「実は橘のように食べられる」とある。自生種は八重山のみに見られ、沖縄本島には広く植栽されている。インドの西海岸やスリランカ原産。

シマサルスベリ(ミソハギ科)

シルハゴーギー(沖縄、首里)

①枝につく花序
②花
② -1 雄しべ
② -2 雌しべ

落葉性の高木で樹高 10~15 m、樹皮は剥げやすい。白いフワフワした感の小さい花が枝先にまとまって咲く。葉は小形で長楕円形。喜界、奄美、徳之島に自生する。沖縄には自生地より導入された。材は緻密でシロアリに強い。シマサルスベリとサルスベリは葉や花などよく似ているが、サルスベリは樹高が低く、葉は少し大型、花は淡紅色などの色がついている。サルスベリは方言ではハゴーギーと呼ばれる 。

サガリバナ(サガリバナ科)

キーフジ(首里)、ズルカキ(石垣)

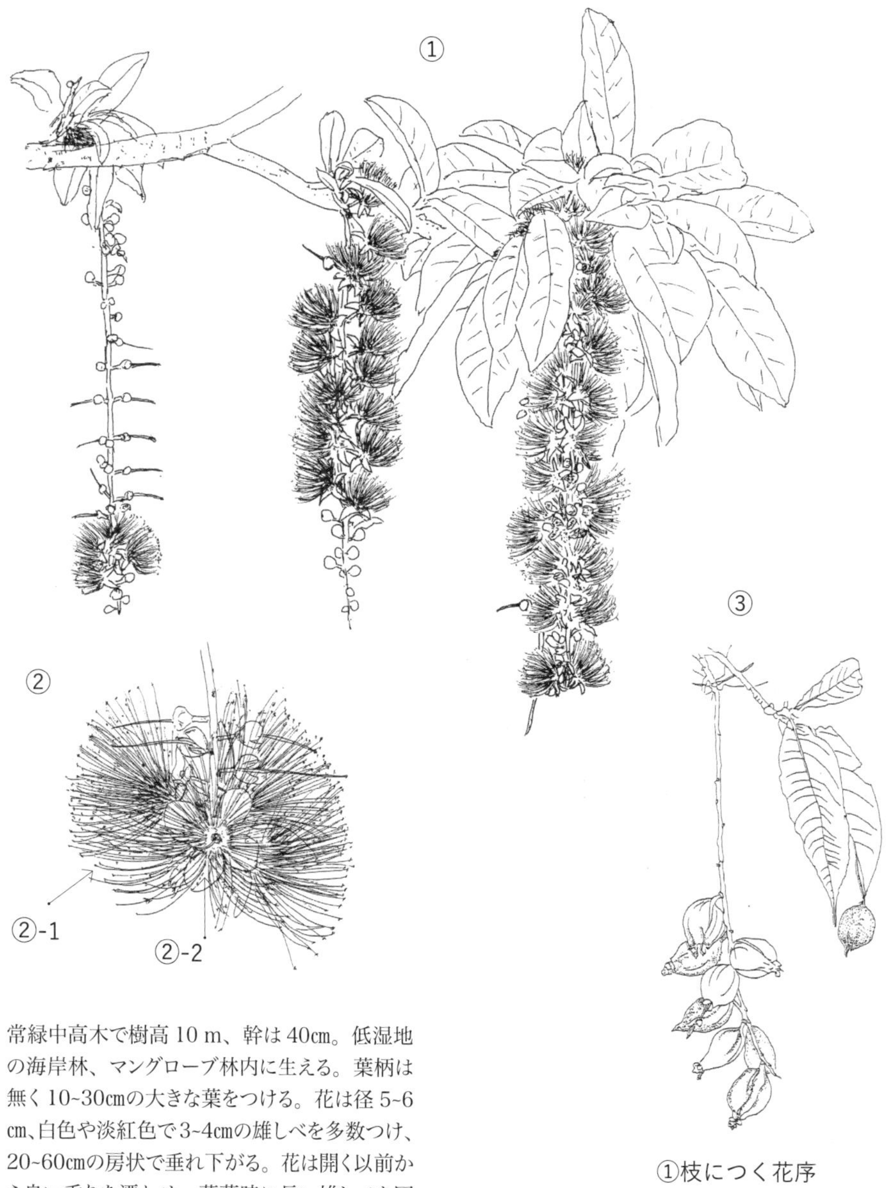

常緑中高木で樹高 10 m、幹は 40cm。低湿地の海岸林、マングローブ林内に生える。葉柄は無く 10~30cmの大きな葉をつける。花は径 5~6 cm、白色や淡紅色で 3~4cmの雄しべを多数つけ、20~60cmの房状で垂れ下がる。花は開く以前から良い香りを漂わせ、薄暮時に長い雄しべを回転させながら開き始める。翌朝までには花は落下する。開花時にミツバチが蜜を求めて花の中へと入っていく光景に出会った。近年は庭園や街路樹として重宝されている。

①枝につく花序
②花の拡大
　② -1 雄しべ
　② -2 雌しべ
③果実

モモタマナ(シクンシ科)

クファデーサー(沖縄、首里)

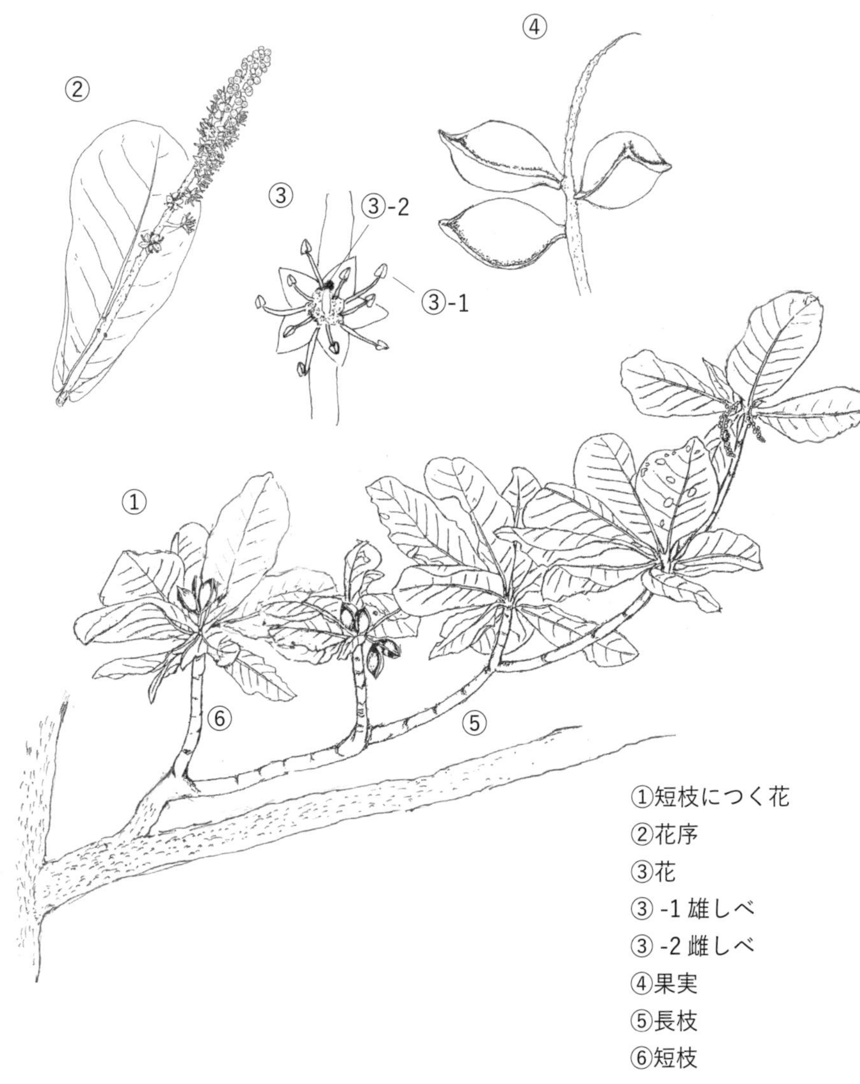

①短枝につく花
②花序
③花
③ -1 雄しべ
③ -2 雌しべ
④果実
⑤長枝
⑥短枝

半落葉性高木で樹高 25 m。幹は 1 mで枝は水平に広がる。枝は長く伸び、その途中に短い枝をつけ葉や花、実をつける。葉は枝端に束生し革質で 20~25㎝、全縁で落葉前に紅葉する。花期は 5~7 月、6~8㎝の穂状花序の上方には雄花、下方には雌花または両性花をつける。花は白色で径 8㎜、花弁は無く萼が花弁のように見える。実は楕円形で平たく 2~6㎝、両側に竜骨状の突起がある。オリイオオコウモリが果皮を好んで食べる。果実は繊維質で海水に浮き、海流散布する。沖縄以南の島々に広く分布する。コバテイシともいう。

リュウキュウコクタン(カキノキ科)

クルチ(沖縄)

①果実
②花

常緑小高木で樹高 5~12 m。枝は多数分岐し、樹皮は黒褐色でザラつく。3~6.5cmの葉は厚い革質の楕円形で無毛、光沢がある。雌雄異株。雄花はその年に出た枝の葉の脇につき、雌花は柱頭を持ち葉の脇につく。花は雌雄とも小さく葉に隠れて見つけにくい。実は黄色、熟度が進むに従って赤から濃赤色となり、食することができ野鳥も好んで啄む。材の芯は黒色で床柱や三線の棹として用いられ、沖縄では重要な樹の一つである。また八重山に在するリュウキュウコクタンはエーマクルチと称され特に重宝されている。

リュウキュウガキ(カキノキ科)

ウガンクルボー(沖縄)

①枝につく果実
②雌花
③雄花

常緑の中高木で樹高 5~6 m、石灰岩地帯の山裾に多い。樹皮は平滑で黒褐色。雌雄異株。雄花は多数生じ、ほとんど無柄、円頭状の花は萼を残して散る。雌花は単生で４枚の花弁をもち、筒状の萼の縁は反り返る。果実は市場で見る柿に似るが、小型で扁球形、黄熟し径 2~3 cm、種子は扁平で 1cm。オオコウモリ等が食する。枝全体が黄色くなり下垂しているのを見るのは壮観である。リュウキュウツチトリモチの宿主としても知られる。果肉には毒があり、魚毒としても使われたが、魚の解毒にも使われるらしい。

リュウキュウモクセイ（モクセイ科）

ヌヂサシ（沖縄、首里）
ナータルキ（石垣、西面）

①雌花
②果実
③雄花

常緑高木で樹高は 10 m、全株無毛、雌雄異株。葉は革質で全縁、対生、葉柄は 2~3㎝とやや長く枝との付け根はゆるやかに丸みを帯びる。集散花序は卵形で雄株は葉の脇や幹に多数の花をつける。花びら（花冠）は 2~3㎜、白色で鐘形、雄しべは飛び出て目立つ。雌花は小さな淡黄白色で多数集まって咲く、核果は黒色で 1㎝。奄美大島以南の琉球列島に分布する。キイレツチトリモチの宿主となる。鉈や刀の刃が欠けるほど硬い木と言われる。

ミフクラギ、オキナワキョウチクトウ

ミフクラギ(奄美、沖縄)

(キョウチクトウ科)

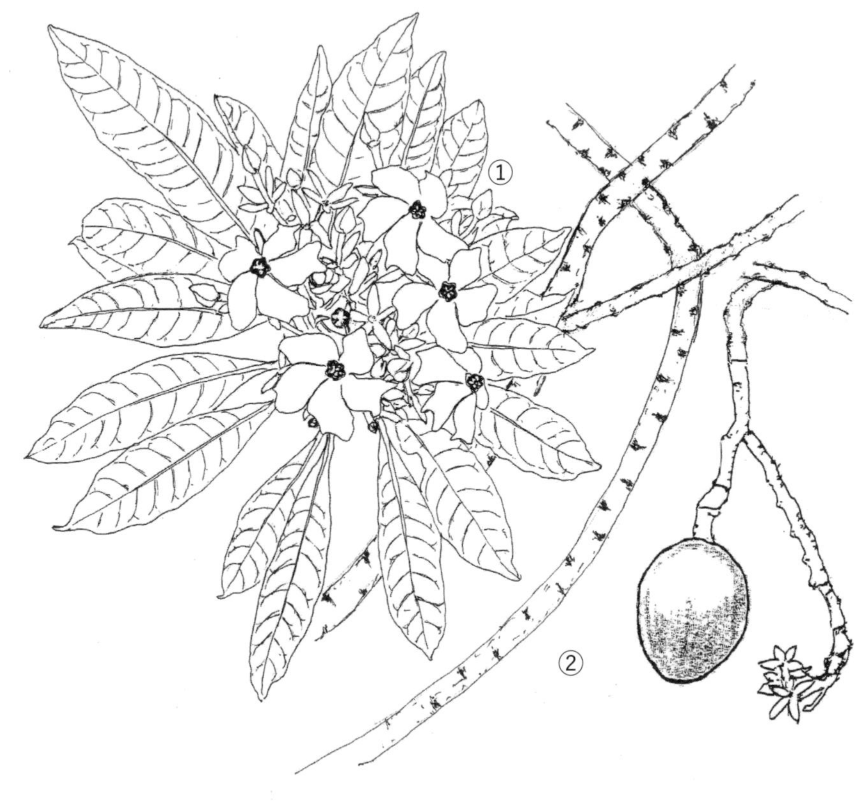

①花の集合
②果実

常緑小高木で樹高 3~8 m、海岸近くに多く見られる。全株無毛で葉痕（落葉の痕）は著しい。葉は 12~25㎝で互生し、枝先に集まってつく。全縁で縁は波打つ。葉柄は 2~4㎝。花序は頂生し、花は白色で径 5㎝、花筒は細長く 3~3.5㎝。果実は楕円形で紫紅色に熟する。中果皮は繊維質に覆われ、海水に浮き海流散布する。沖縄各島、台湾に分布する。方言名は樹液が目に入ると目が腫れるとの意。

オオムラサキシキブ

（クマツヅラ科）

タマグヮーギ（沖縄、首里）、ミミンガー（首里）
マチヤガマキ（伊良部）

①花序
②花
　②-1 雌しべ（柱頭）
　②-2 雄しべ
③果実

低木で樹高は3~5 m、低地林、林縁に多い。葉は対生、長楕円形、葉の縁には細かな鋸歯があり、両面ともに毛は無い。集散花序は分岐し、6～8月頃に多数の花をつける。花びらはロート状で淡紫色。果実は球形で径4~5㎜、1月頃には紫色に熟する。沖縄各島に分布する。枝や果実は生花に用いられる。

ショウロウクサギ(クマツヅラ科)

クサギナ(沖縄、首里)、カバン(黒島)

①花序
②花
② -1 雌しべ(柱頭)
② -2 雄しべ
③果実になりつつある花

落葉小高木で樹高8m。雌雄同株、若い枝は灰色で短毛を密布する。葉は卵状三角形で10~20㎝、強烈な臭気がある。葉柄は3~12㎝で毛が多い。8~11月に白色で芳香のある花が上方の枝に頂生する。花は長い4本の雄しべがある。実は熟すると紫青色、萼は赤色で競演する果実は染色に用いられる。沖縄の古文書『混効験集』では「カバシナ」と称され新芽、新葉を食するとの記載がある。同種によく似るアマクサギは、樹全体に毛は少なく、葉は厚く光沢がある事で判別できる。

ミツバハマゴウ(クマツヅラ科)

ホガギー(沖縄)ホーガギー(沖縄、首里)
カニン(石垣)

常緑低木で樹高 2~5 m。葉は対生、3 出複葉で、2 小葉、単葉もある。葉柄は 1~2㎝で有毛。花は枝先につき、海岸近くに多く見られるハマゴウより少し小さい淡白色で 5~10㎜。果実は球形で径 5㎜程。大東島を除く沖縄各島に分布する。

①花序
②果実

クチナシ(アカネ科)

カジマヤー(沖縄、首里)

常緑低木で樹高 2~5 m、低地林内でよく見かける。全体無毛。葉は長楕円形などいろいろの不均衡な円筒状の托葉が茎を包むように巻く。3~5 月に芳香のある白色の花が咲き後に黄変する。実の先に 6~7 裂する宿在性の萼片がある。庭木、染料、薬用、香料などに利用される。クチナシとは果実が裂開しない事の意。方言名は深く 6~7 枚に裂ける花が風車に似る事による。

①枝につく花
②托葉
③花の拡大
　③ -1 雌しべ(柱頭)
　③ -2 雄しべ
④果実
⑤上面から見た果実

ナガミボチョウジ(アカネ科)

アサカ(沖縄)アザカ(辺野古)

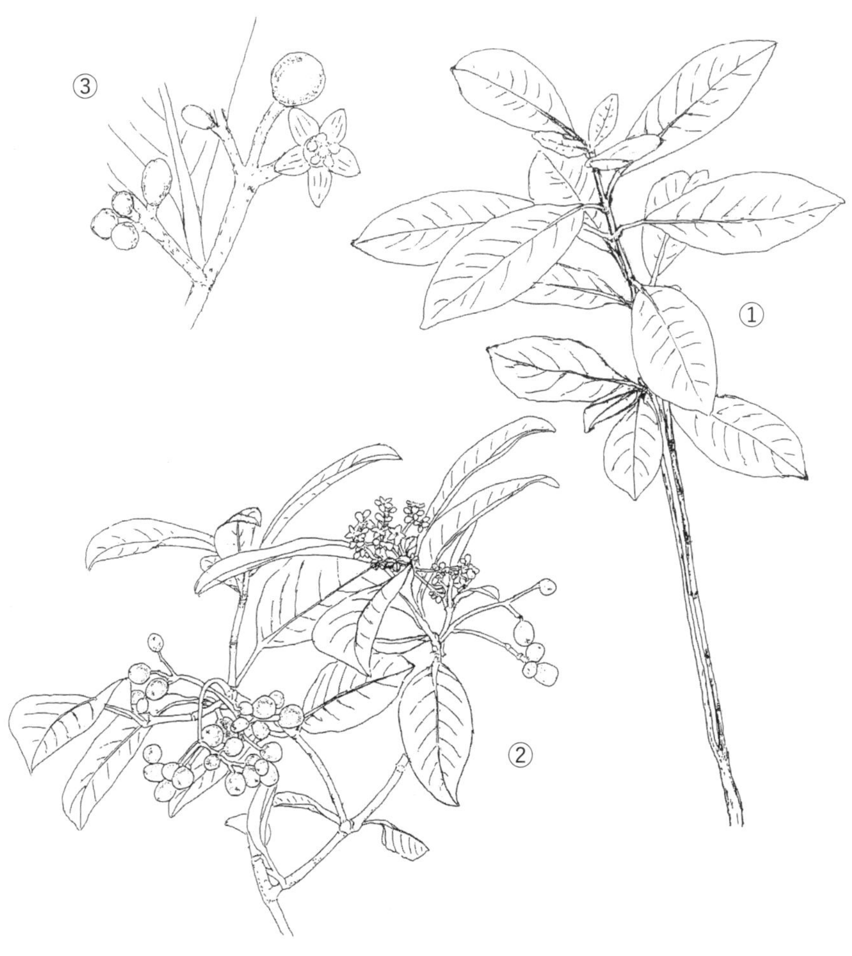

常緑低木で樹高 1~2 m、石灰岩地の林内によく見られる。葉は長楕円形などさまざま、柔らかめの革質、先は尖り対生。中肋は表面では凹み裏面に凸となる。白色の小さな花が枝先にバラバラとつく。1cm程の核果は楕円形で赤熟する。昔日は「アサカ」と呼ばれ祭祀の際に使われた。『おもろそうし』や「真珠湊碑」に記載がみえる。。

①幼木
②花序と果実
③果実と花

ギョクシンカ（アカネ科）

クチナギヌウトウ（奄美、宇検）

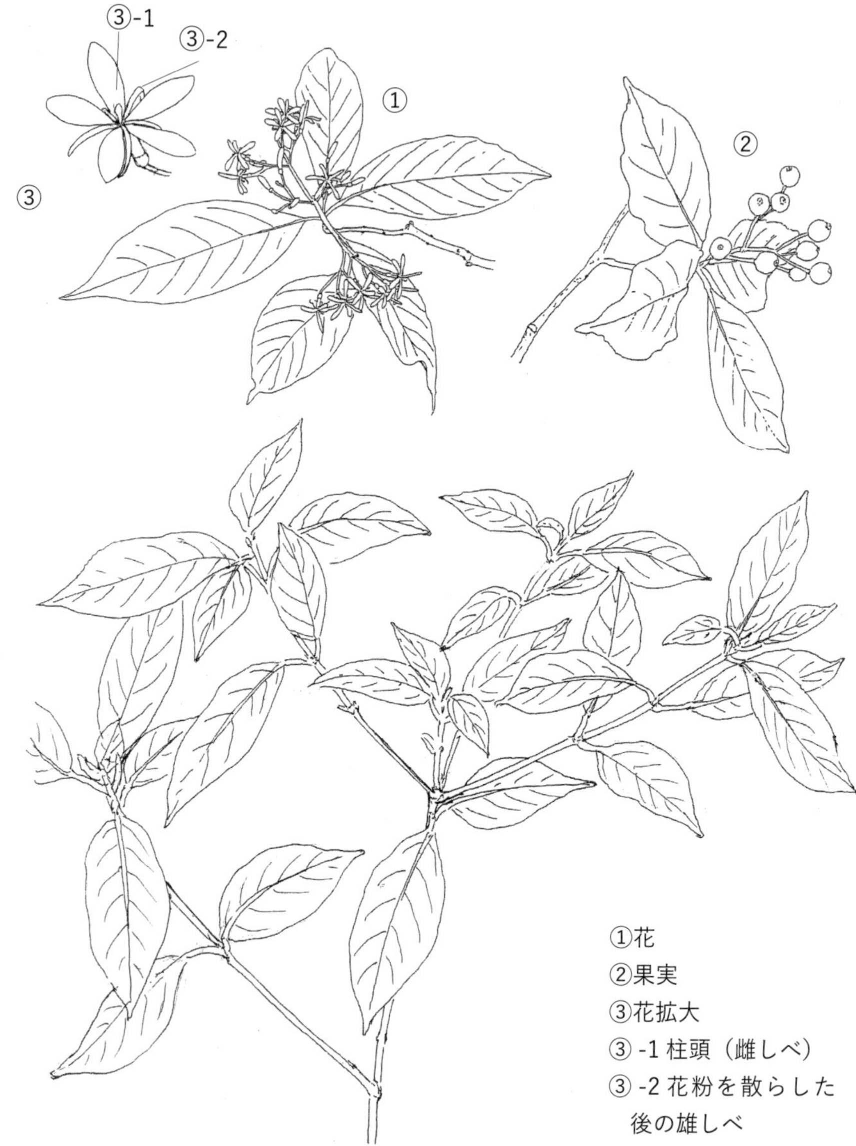

①花
②果実
③花拡大
③ -1 柱頭（雌しべ）
③ -2 花粉を散らした後の雄しべ

常緑低木で樹高 1.5~3 m、山地の林内に生える。小枝は灰褐色で毛がまばらにある。葉は長楕円形、対生で柔らかく、側脈は 7~9 対で裏面では盛り上がる。花は枝先の散房花序に多数つき、花びらは５枚、白い花柱が長く突き出る。実は球形で黒熟する、花の数に対して実は少ない。花は雨の多い６月頃によく見られる。方言名は「クチナシの弟」の意らしい。

アダン(タコノキ科)

アダニ(奄美、沖縄)

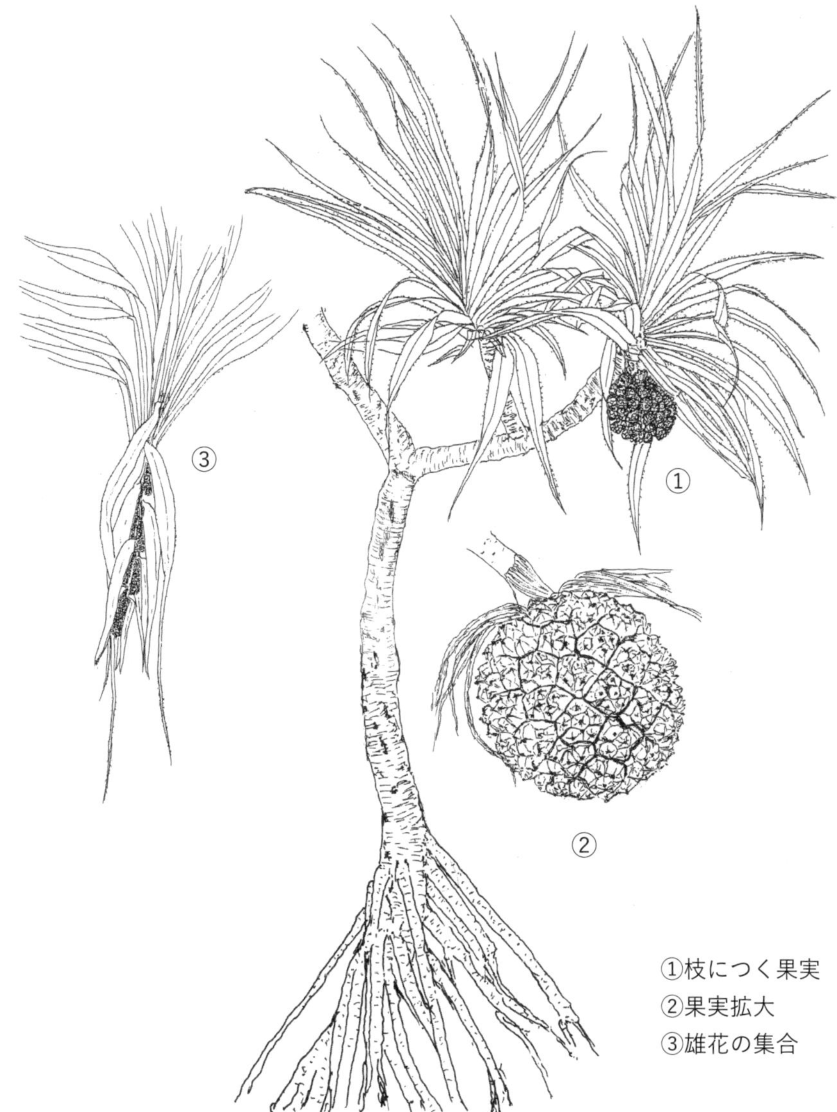

①枝につく果実
②果実拡大
③雄花の集合

亜高木で樹高は 3~5 m、海岸近くに生える。幹から太い枝を分岐し、多数の支柱根が垂下する。雌雄異株。7~8 月に雄花をつける、雄株はよく目にするが雌株の雌花はなかなか目にすることはない。葉は 1~1.5 mで先の方は次第に尖り、厚い革質、縁の両側と裏面の中肋には鋭いトゲがある。集合果は球状楕円形で多数の核果よりなり、単一の核果を欠いて食したりする。アダンの林を境として海側に海浜植物、内陸側に内陸性植物となる。防潮、防風、防砂林として又食用、薬用として重宝される。1719 年の冊封使著の『中山伝信録』に記載がみられる。葉や支柱根は民芸品（アンツク、草履、遊具、筆、帽子等々）に利用される。

クロツグ(ヤシ科)

マーニ(沖永良部、首里、久米島、石垣、西表)
マネ(奄美、沖縄)

①果実をつけた株
②幹より出る葉
③不規則なノコギリ葉状の小葉
④雌花（花序）
⑤雄花（花序）
⑥雄花拡大
⑦三角形の葉柄

常緑低木で樹高 2~5 m、石灰岩地や低地の林内に生える。御嶽などでよく見られる。葉は根生や幹生、幹の基部は粗く硬い黒い繊維（葉柄が腐った後にできる）で密に覆われる。葉柄は 1 m程、羽状複葉の葉身は 2.5 mにもなり 20~40 対の小葉をつけ、小葉の先は不規則な噛み切りの状態を呈している。葉の表面は光沢があり、裏面は灰白色。雌雄同株で雌雄の花は別々の花序につく。5 月頃雄花が開花すると強烈な芳香が辺り中に漂う。繊維は水に強く、箒や束子に、又縄や網等に利用される『琉球国由来記』に「マネ」と記載がみられる。王国時代には上木（税）として納められた。

ビロウ(ヤシ科)

クバ(沖縄)、コバ(奄美、沖縄、石垣
アズムサ(石垣)

①果実をつけた株
②葉柄と葉のつけ根
③葉の先端
④花序
⑤三角形の葉柄

樹高 15 m、幹は単幹で 20~30㎝、やや屈曲する。幹には不規則で密な環状紋がある。葉は掌状葉でほぼ円形、葉柄には逆向きの刺が列をなして生える。左右の最下部の葉の先から二裂し中央部から垂れ下がる。花序は 1 m程の大形の円錐花序で花は両性花、黄緑色で径4㎜程の独特の匂いのある花を 3~4 月に咲かせる。核果は 2㎝前後で黒緑色に熟する。葉は「うちわ（クバオージ）」にも利用される。四国南部、九州、琉球に分布し、亜熱帯の海岸近くに自生する。『沖縄物産誌』に見える「久波」。方言のアズムサ（石垣）は新芽の味が良い事との意。

ヤエヤマヤシ（ヤシ科）

ビンロー（沖縄、首里、石垣、西表）

①花をつけた株
②葉の先が連なる葉
③果実のつく枝
④果実の拡大
⑤花
⑤-1 雄しべ
⑤-2 雌しべ

大型の常緑高木で樹高 15~20 m、幹は 20~30 cm、一本立ちで枝を有しない。樹冠軸（葉や花の出るまとまった部分）は紫褐色で筒状。葉は羽状複葉で 4~5 m、小葉は 90 余対。小葉は葉の先端を保護する細いひも状の組織によって保護されている感がある。葉の落ちた跡が環状紋となって残り、幹はさらに肥大する。花序は樹冠軸の下部に幹からほぼ水平に円錐状に 2 回分岐して出、白色の単生花を咲かせる。果実は 10~11 月に黒熟する。石垣島、西表島に自生する群落は全て国指定の天然記念物となっている。戦後に沖縄諸島に分布、街路樹として人気がある。1 属 1 種で八重山群島の固有種である。

V 草本植物２（林縁・林内）

林内や林縁に生育する在来の草本植物など。アリサンミズ、ウロコマリ、アリモリソウ、ノシランなど。

アリサンミズ（イラクサ科）

ムシクサ（首里）

①花
②花の拡大（雄花）

多年生草本で草丈は20~50㎝、湿気の多い日陰や林縁などに生育する。茎は赤みを帯び、葉は長い葉柄があり、柔らかく無毛で楕円形、目立つ3行脈がある。雄雌異株で雄株は葉の脇から長い花枝を出して雄花をつけ、4分裂した花びらの先端の花粉袋から白い煙のように花粉を放出する。雌花は極小の花を葉の脇に密集してつける。雌株のみが残り、雄花がない時には、雌株に雄花をつけることもある。

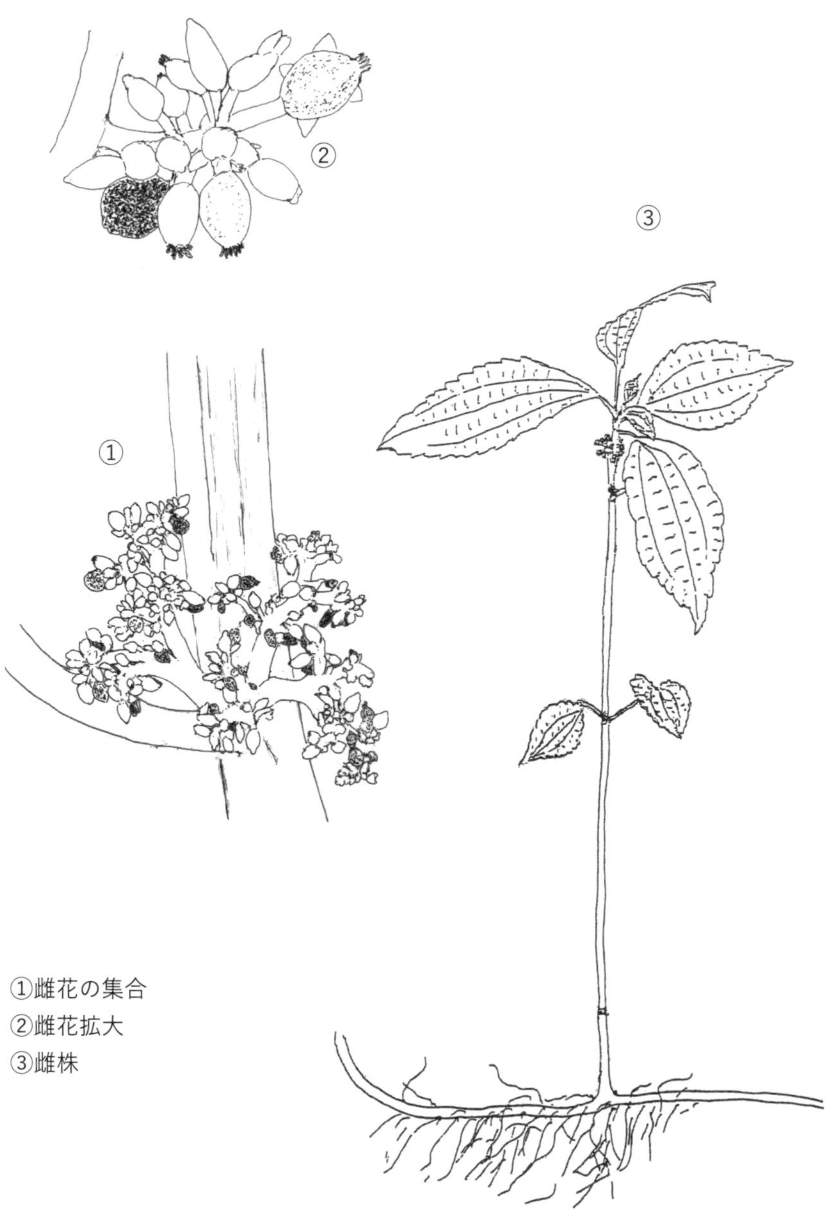

①雌花の集合
②雌花拡大
③雌株

メジロホウズキ(ナス科)

ウワーグワーカート(沖縄、首里)

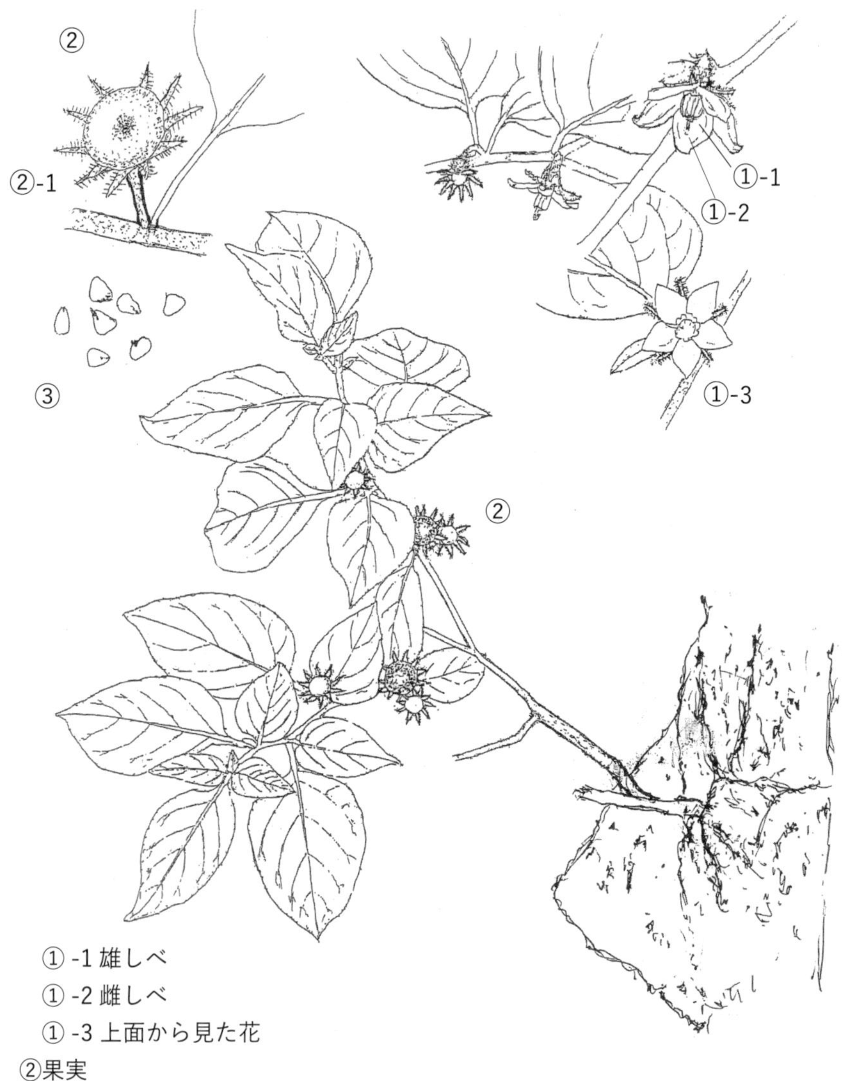

①-1 雄しべ
①-2 雌しべ
①-3 上面から見た花
②果実
②-1 萼
③種子

多年生草本、草丈は60~150㎝、茎は木本状となる。葉には毛が密生し裏面は特に多い。ロート状の白い花を葉の脇に1~2個つける。萼は10裂に分岐し、先は尖り特徴的。液果の果実は赤熟しツヤがあり目立つ。ホウズキカメムシの幼虫が好んで果実を食する。石灰岩地帯の林の中に細々と生育し種を保っている感がある。末吉公園では2021年を境に生育を確認できていない。

モロコシソウ(サクラソウ科)

ヤマクニブー(沖縄、首里)

①つぼみ
②花の拡大
③果実

多年生草本、草丈は30~80㎝、山間の湿地などに育つ。葉は互生し3~15㎝の卵形で先は尖る。花は鐘型で黄色の5枚の花びらがある。果実は丸く、熟すると白色を呈する。昔日から蒸したり乾燥させたりして独特の芳香を生じさせ衣類への香りつけをしたり防虫剤として用いられた。近年は山中で目にする事が少なくなった。末吉公園でも本種の数が減少している。

アリモリソウ(キツネノマゴ科)

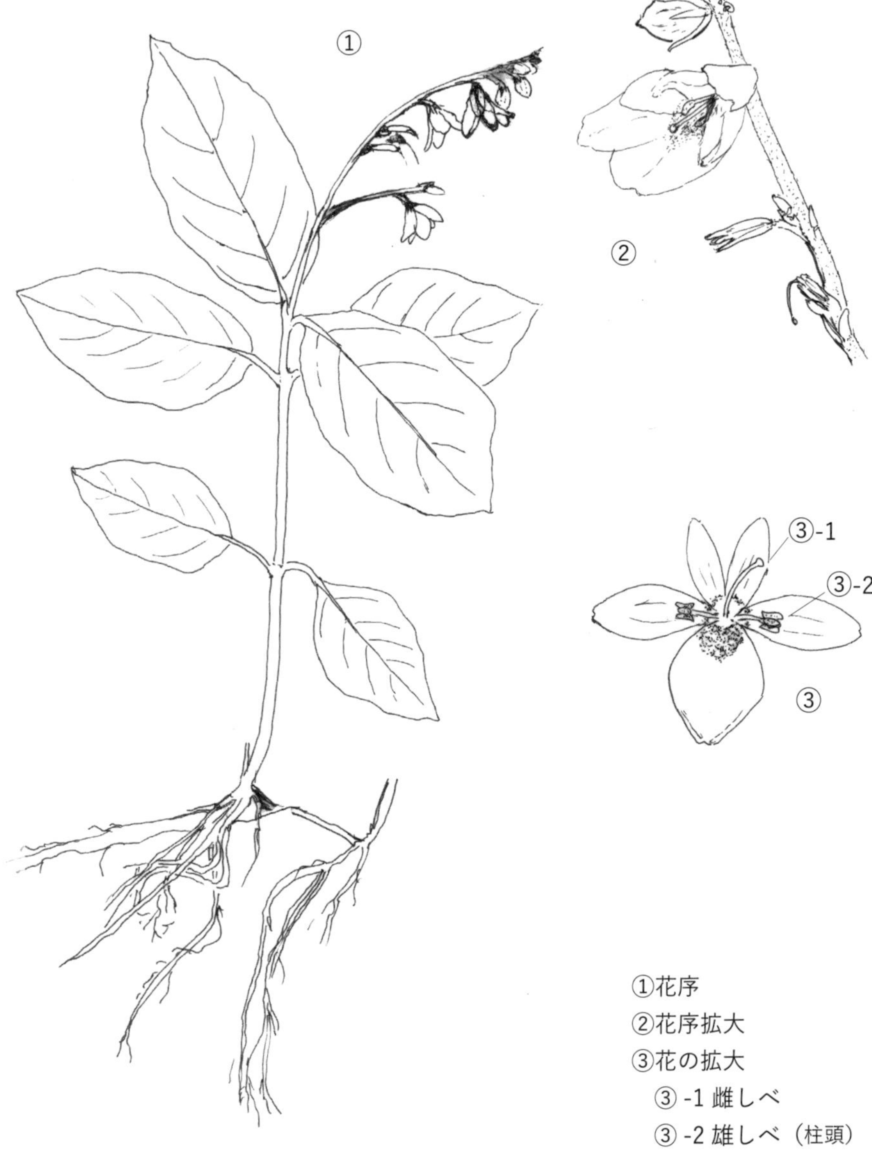

多年生草本で草丈は20~50㎝、林内の湿り気のある岩の上や湿地に生育する。茎の下部は地面に横たわり上部は直立し、葉は対生で長楕円形、毛は無い。10~1月頃には1㎝ほどの小型の中心部が薄紫に色づく白い花を咲かせる。可憐な姿は「沖縄のスズラン」と称したい。秋に花が咲く。

ウロコマリ(キツネノマゴ科)

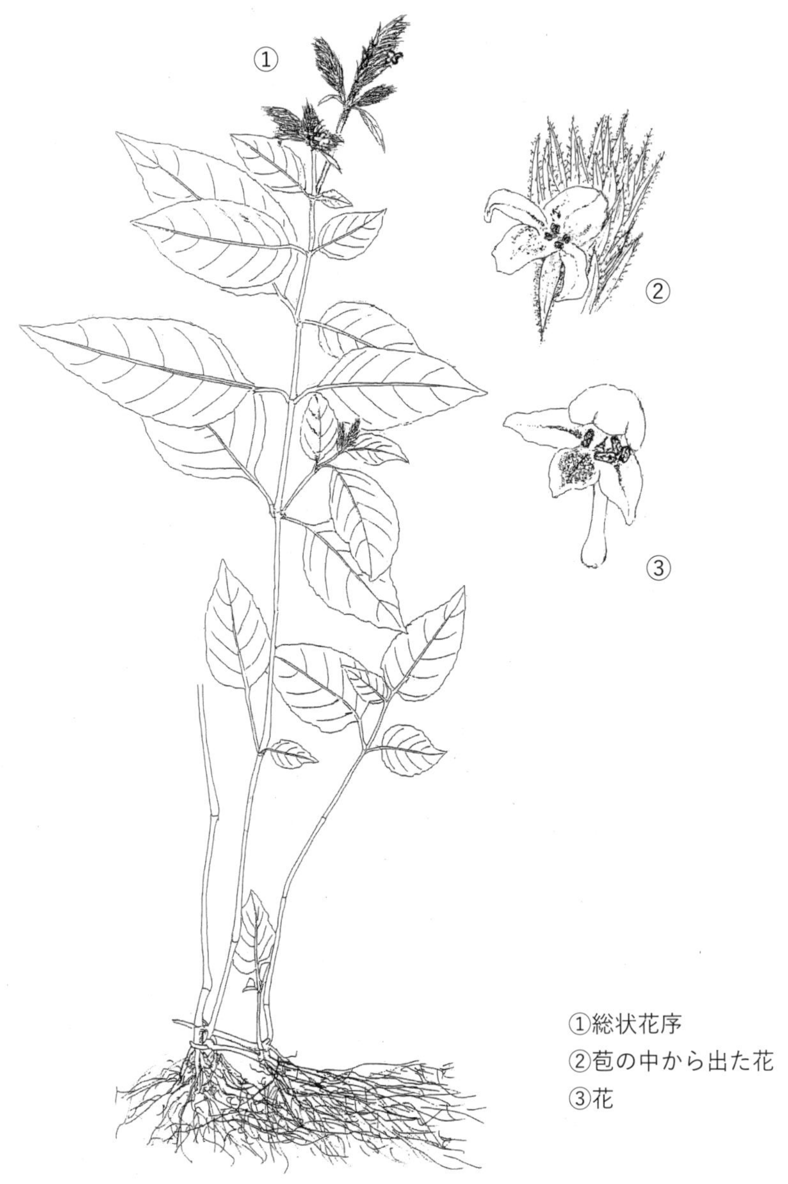

①総状花序
②苞の中から出た花
③花

多年生草本で草丈は30~60㎝、林内の湿り気のある岩の上や湿地に生育する。茎は四角形、葉は対生で葉の上面は多少光沢があり無毛。毛先に雫のような小粒の玉をのせた苞が、魚のウロコのように重なる。総状花序(花の付く部分)は2~6月頃によく見られる。扁平の苞から白い花弁の中心部に赤紫色の斑点のある5㎜程の微小なランのような花が飛び出したように咲く。

リュウキュウウロコマリ(キツネノマゴ科)

①穂状花序
②苞の中の花
③苞の中の花の拡大

多年生草本で草丈は10~20㎝、林内の湿り気のある岩や石の隙間、湿地に生育する。葉は対生で3~6㎝の狭卵形で小型。穂状花序は円筒状。ウロコマリとよく似るが全体的に小ぶり。花はより小さめで、花の咲く期間は長く、2~11月にかけて見られる。

ヤブラン(ユリ科)

シギ(沖縄、首里)、ヤマクーブ(沖縄、首里)

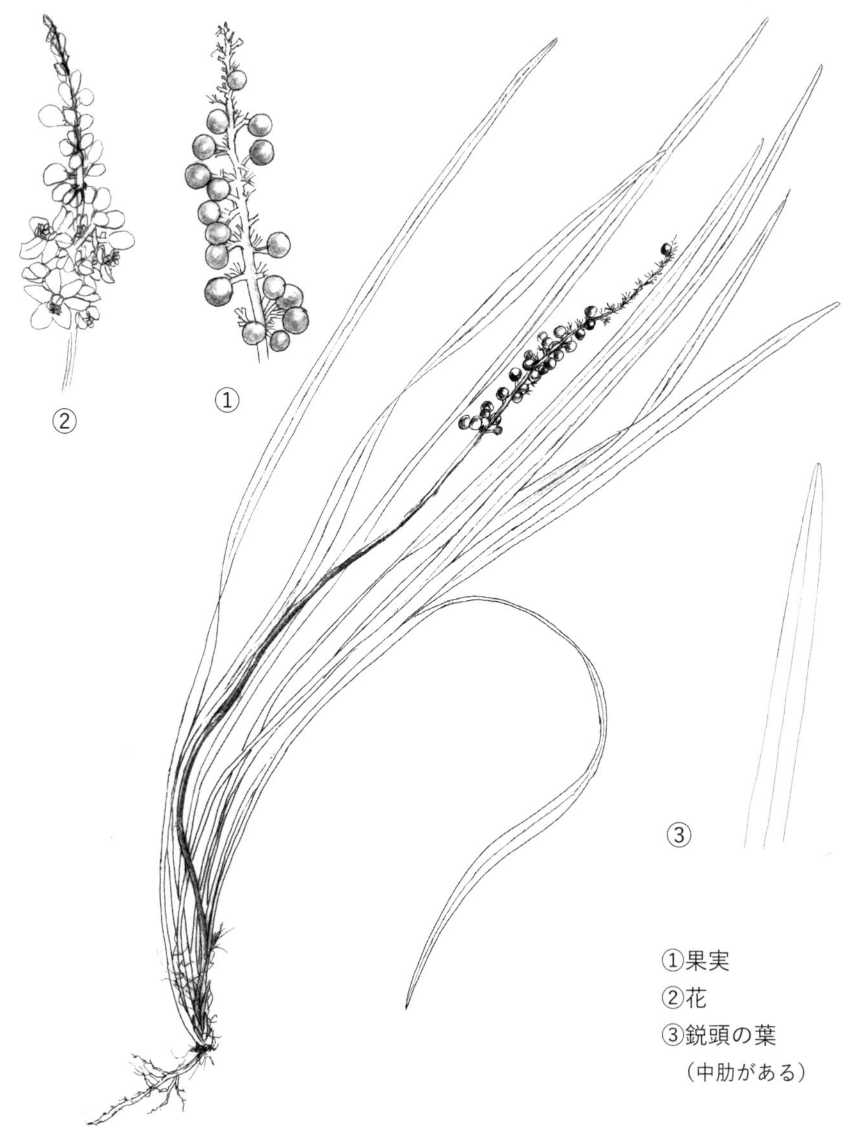

①果実
②花
③鋭頭の葉
(中肋がある)

多年生草本で草丈は30~40㎝、海岸付近に生育し、公園や花壇などに植栽される。根茎は短く肥大する。葉は線形で20~60㎝、幅3~1.5㎝で鋭頭、4~5対の縦脈があり、葉の裏面に突き出る中肋がある。花茎はほぼ円柱形、花弁は6枚で薄紫色の小さな花が花茎の先の部分に密集してつく。果実は1㎝程の球形で黒熟する。

ノシラン(ユリ科)

シギ(沖縄、首里)、ヤマクーブ(沖縄、首里)
ヤマミーナ(宮古)

多年生草本で草丈は40cm程、林の辺縁部によく見られる。株全体は無毛。根茎は短く肥大するが根は細い。葉は線形で40~100cm、幅は1cmで鋭頭、多少外曲する。多数の縦脈があり中肋は無い。花は白色で小さく6枚の花弁があり、ほぼ円柱形の花茎の先の部分に密集してつく。種子は1.5cmの楕円形で青く熟する。

①果実
②花序
③茎の基部
④花の拡大
⑤果実の拡大

ホウビカンジュ（シノブ科）

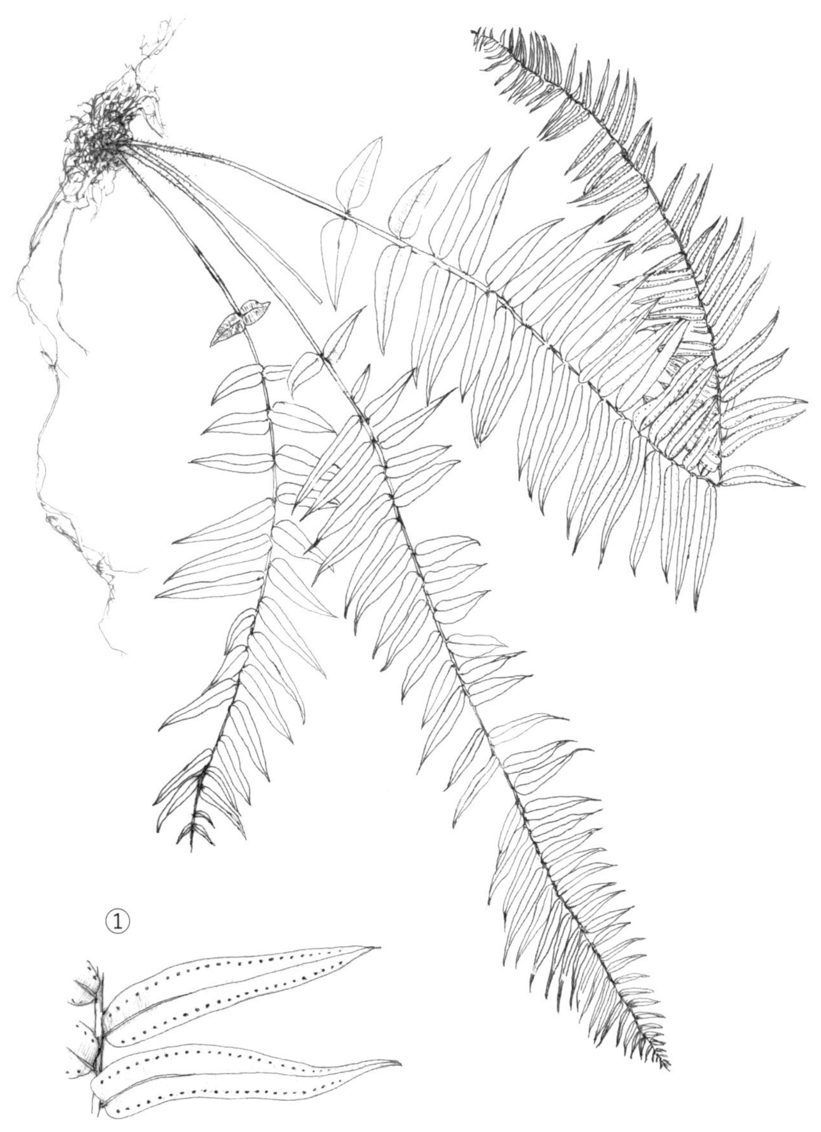

①胞子嚢をつけた葉（胞子葉）

多年生草本で樹上や岩の上の腐葉土などに生育する。葉身は狭披針形で紙質、両面ともに無毛。胞子嚢群は円形で径は 2㎜程。葉柄は 30~60㎝、葉は 1~2.5 m、地上からは直立するが、樹上や岩に着生した場合は下垂し、シダのカーテンのように見える。熱帯地域に分布し宝島（トカラ列島）を北限とする。

ヤエヤマオオタニワタリ(チャセンシダ科)

ヒィラムシル(沖縄、首里)

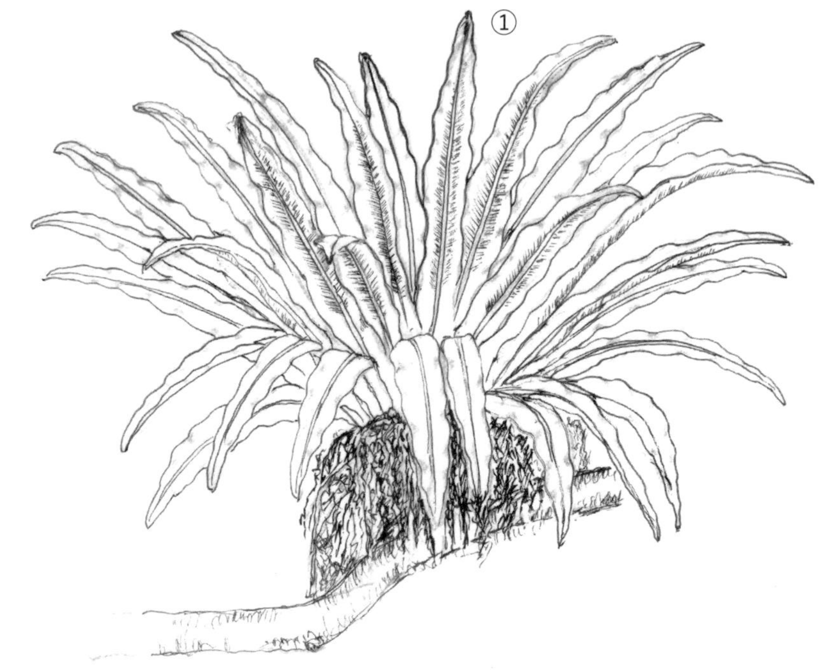

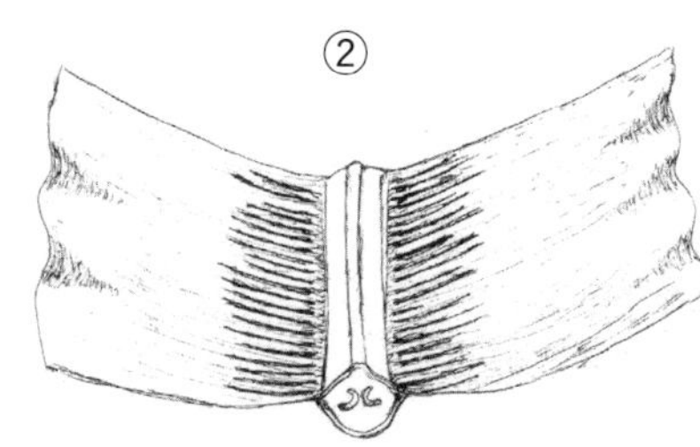

①胞子嚢(のう)をつけた葉
②胞子嚢をつけた葉と中肋の断面

多年生草本で樹上や岩の上の腐葉土などに生育する。葉は単葉で細長く1m以上、葉柄は葉の背面の中央に1条の隆起線となる。中肋は葉の裏面中央に盛り上がる。胞子嚢群は中肋と葉縁の中間あたりまで達する。名称がリュウキュウトリノスシダ→ミナミタニワタリ→ゴウシュウタニワタリなどと変遷した。近年ではヤエヤマオオタニワタリと称されている。俗に一般ではオオタニワタリと呼ばれているが北部の山間部には同名の別種がある。新芽(ゼンマイ)は昔から食されており現在でも法事などで使用されている。

オオイワヒトデ(ウラボシ科)

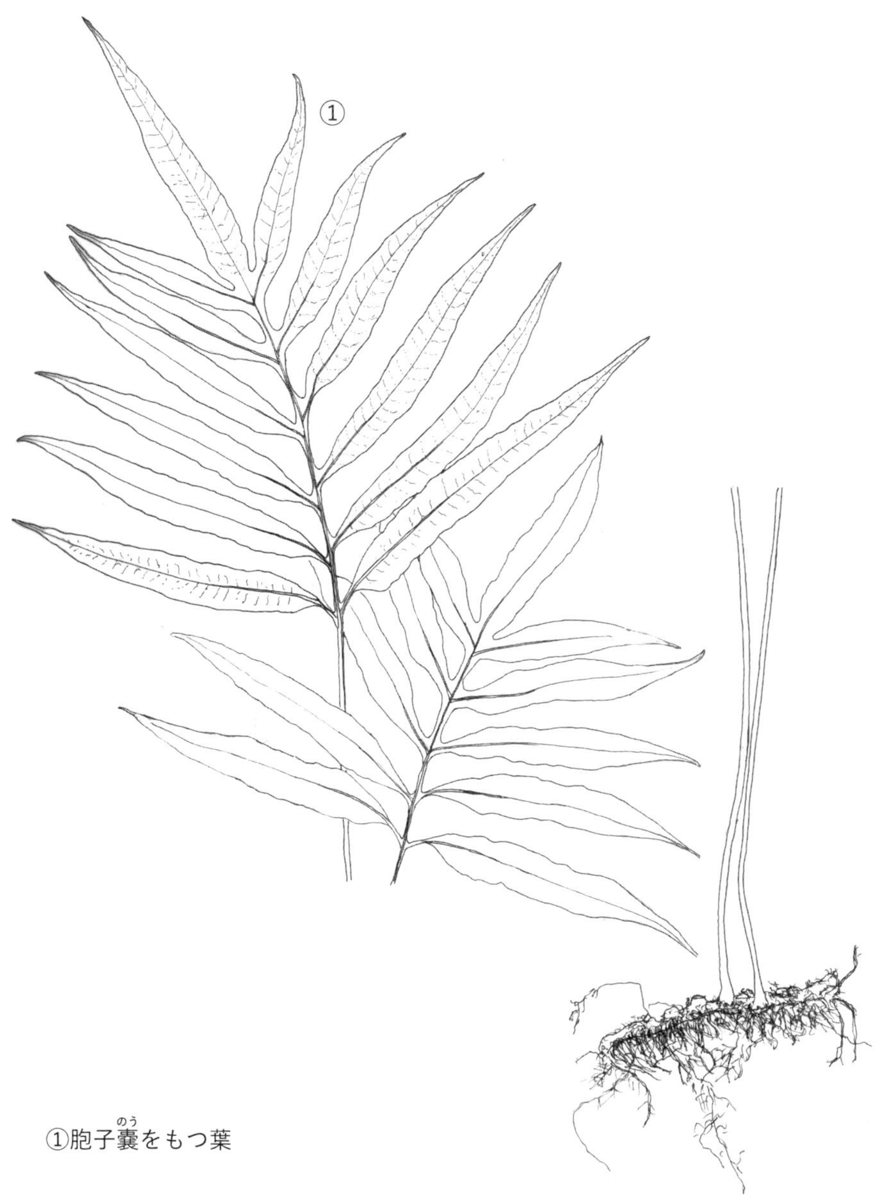

①胞子嚢をもつ葉

多年生草本で群生する地上性常緑シダ、岩の上などに生育する。根茎は横に走り、径は5~8㎜、褐色の鱗片を密布する。葉柄は40~70㎝、径は3~5㎜、平滑で淡褐色。葉身は楕円形で羽状に7~11対に裂け、裂片は幅1~3㎝、長さ10~30㎝、葉の縁は波状となる。ソーラス(胞子嚢)は線形で側脈に沿って斜めに並んでつく。

ヤリノホクリハラン(ウラボシ科)

①胞子葉
②栄養葉

多年生草本で樹上や岩の上に生育する。葉はケーキサーバーを立てた様な形で無毛、密生せずまばらにつく。葉は２つの形があり胞子葉(胞子をつける葉）の葉柄は長く、栄養葉（胞子をつけない葉）の葉柄は短い。胞子嚢群は側脈に沿って線状に分布する。

Ⅵ ツル植物

林の樹冠や林縁にツルを伸ばしてマント群落を作る植物。ノアサガオ、タイワンクズ、オモロカズラなど。

フウトウカズラ（コショウ科）

ウシチカンダ（御湿葛）（沖縄、首里）
アハナカッツァ（西表）

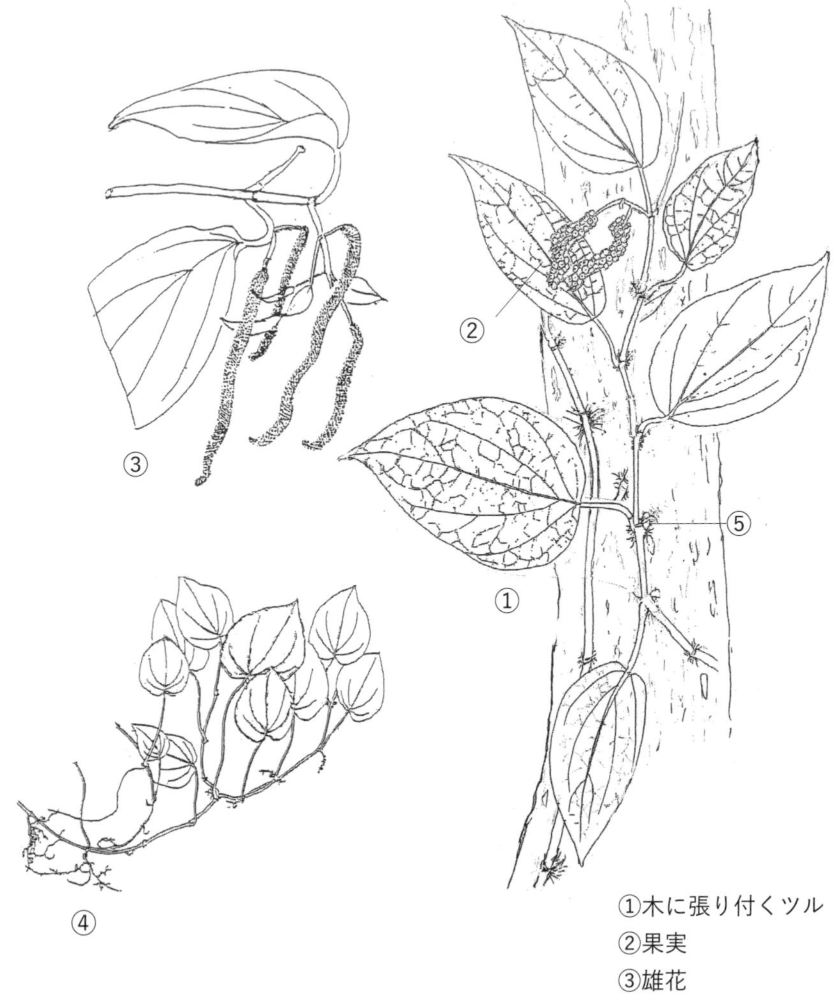

①木に張り付くツル
②果実
③雄花
④ツルの幼体
⑤付着根

ツル性植物、節から付着根を出して樹木や岩に這い上がる。葉は互生でやや厚く全縁で葉先の尖る細長いハート型。雌雄異株、雄花の穂状花序は7㎝程で紐のようにぶら下がる。花には花弁は無い。雌花は雌しべだけを持ち、雌花の穂状花序は3~7㎝となる。12月頃には赤色に熟し、ヒハツモドキのような実になるが芳香や辛みは無く、香辛料とはならない。風邪、神経痛、リュウマチ、皮膚病に効くと言われる。

リュウキュウボタンヅル(キンポウゲ科)

ブクブクーグーサ(沖縄、首里)
シルシカッチャ(石垣、大浜)

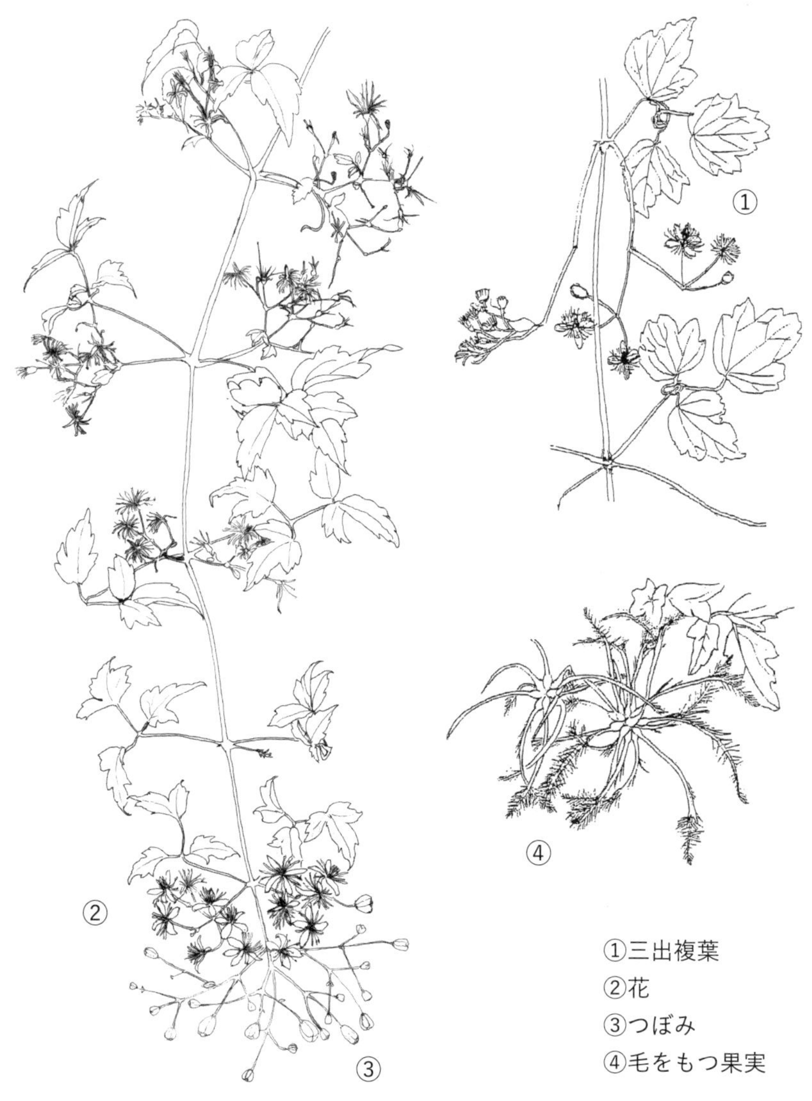

①三出複葉
②花
③つぼみ
④毛をもつ果実

ツル性の木本。葉の形がボタンに似るツルの意。ツル全体に細かく短い毛がある。葉には不規則な鋸歯があり、対生の3出複葉。8cm程もある長い葉柄を他の植物に絡ませて広がっていく。花びらは無く、葉腋からでる花柄には白色で十文字状の萼片がつき、花びらのように見える。多数の雄しべと小さな雌しべが多数つき付着した植物の樹冠を覆う。茶褐色の果実から伸びた花柱に羽毛状の白い毛が生じ風により散布される。沖縄諸島に分布する。沖縄の固有種。基本種は台湾、中国。

オキナワセンニンソウ(キンポウゲ科)

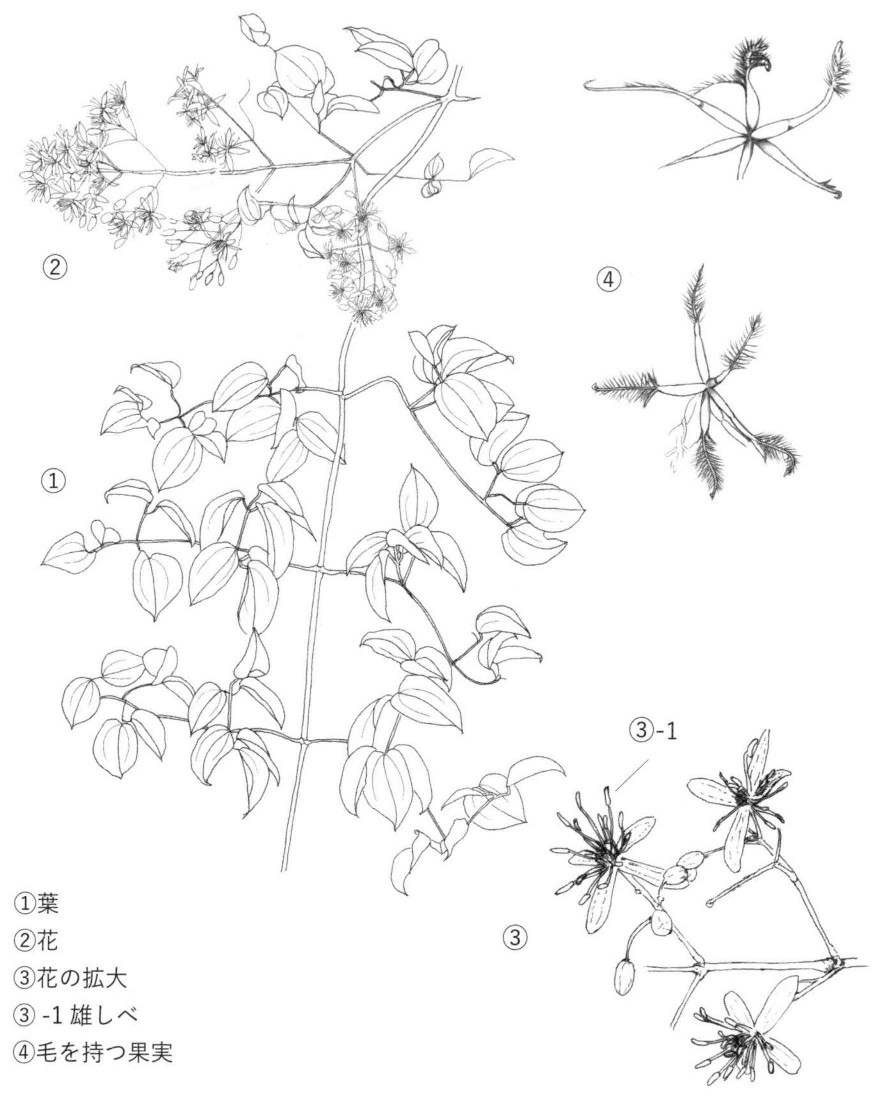

①葉
②花
③花の拡大
③ -1 雄しべ
④毛を持つ果実

ツル性の木本。葉は２回羽状複葉、円形から長楕円形、長さ 10~20㎝。小葉は 5~9 個の卵状長楕円形で 3~7.5㎝程、鋭頭。リュウキュウボタンヅルと同じように、花には花弁は無く細長い白い萼片４枚が全開し十字形になる。円錐花序は 10~20㎝、花は 1㎝程で乾けば褐黒色に変化し、花の後の果実から伸びた花柱に羽毛状の白い毛が生じ風により散布される。この白い毛の伸び広がった状態を仙人の白髭に見立ててセンニンソウの名が付いた。以前はサンヨウボタンヅルと称されていた。

コバノハスノハカズラ(ツヅラフジ科)

ヤンジャマチ(沖縄、諸志)
カチラ(波照間、与那国)

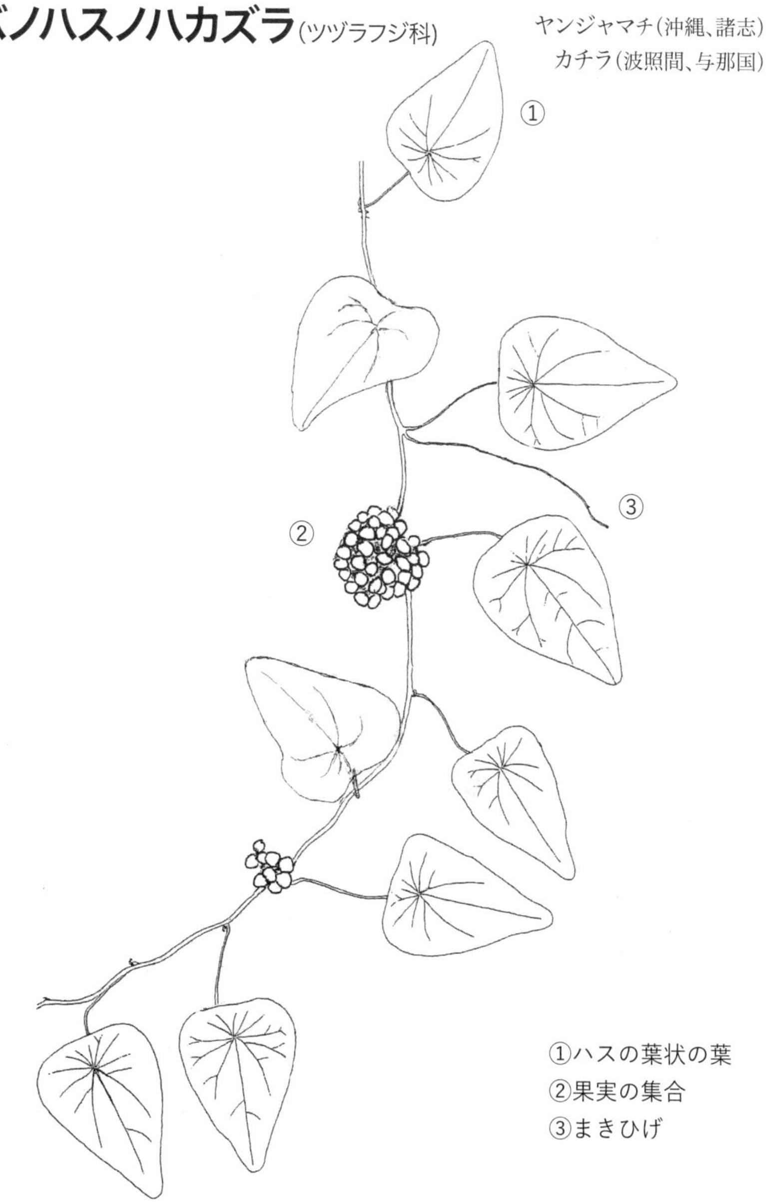

ツル植物。細い茎は強く硬く手では切れない。低木などにツルを絡ませて四方に広がる。葉は小さく卵形から卵円形で細長い。花序の分岐はほとんど無く茎に密着して小型の花の塊が 2~3 個程つく。よく似たハスノハカズラは花序の分岐が多い。葉に毛は無い。コバノハスノハカズラは末吉公園で見られ、また大里城跡や大城グスクでは地表面にまでツルを伸ばしている光景が見られた。海岸近くにも生育が見られる。首里城壁の外縁に生育する。沖縄、宮古、石垣、西表、台湾、南中国、インドに分布する。

ハカマカズラ（マメ科）

ハンチェグワー（久米島）
カミシマル（石垣、川平）

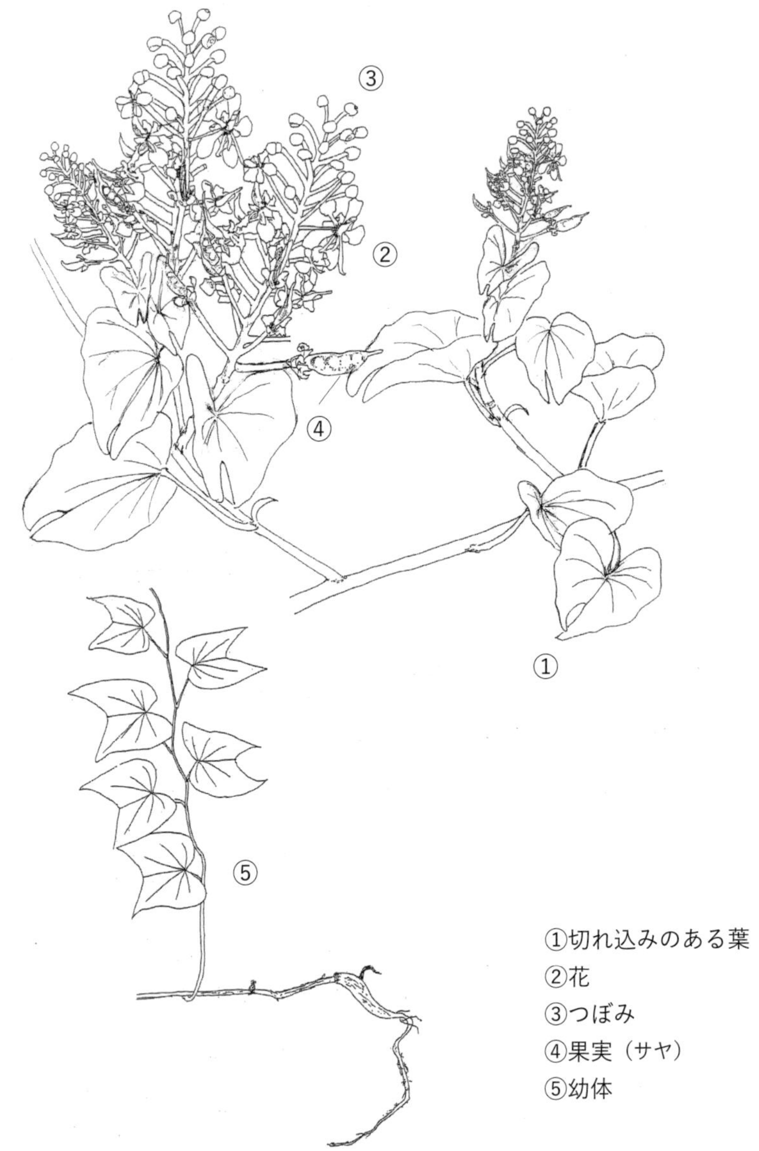

①切れ込みのある葉
②花
③つぼみ
④果実（サヤ）
⑤幼体

常緑のツル性低木で先が２つに分かれる巻きひげを持つ。葉は円心形でやや革質、6~10㎝、葉の先は深く２裂し袴の様な形をしている、毛はない。総状花序は 8~20㎝、淡黄緑色の径２㎝程の小花を多数つける。花弁は５枚で6~7㎜。果実（サヤ）は卵形で 4~8㎝、１～３個の黒色の種子を持つ。夜は葉の中央線から２つに折れ、葉を閉じる。

タイワンクズ(マメ科)

カックシ(沖縄)、クズ(石垣、大浜)

①三出複葉
②花
③つぼみ
④果実(サヤ)
　④ -1 裂開した果実
⑤種子
⑥葉の拡大

大型のツル植物、地下茎は大きな紡錘根となる。葉は3出複葉で10~13㎝、全縁、葉の付け根は円脚、先は尖る、表面には褐色の長い毛があり下面は灰白色で毛を密布する。総状花序は長く20㎝程の柄があり円錐形でよく目立つ。1㎝程の青紫色の花は4~5㎜程の毛を密生する萼を持ち、花軸は淡褐色の毛を密布する。果実は扁平で2~6㎝、褐色の粗毛がある。種子は2~4㎜。台湾から中国南部インドシナ半島原産。

テリハノブドウ(ブドウ科)

ヤナブ(沖縄、首里、渡嘉敷島)
ヤラブ(沖縄全域)

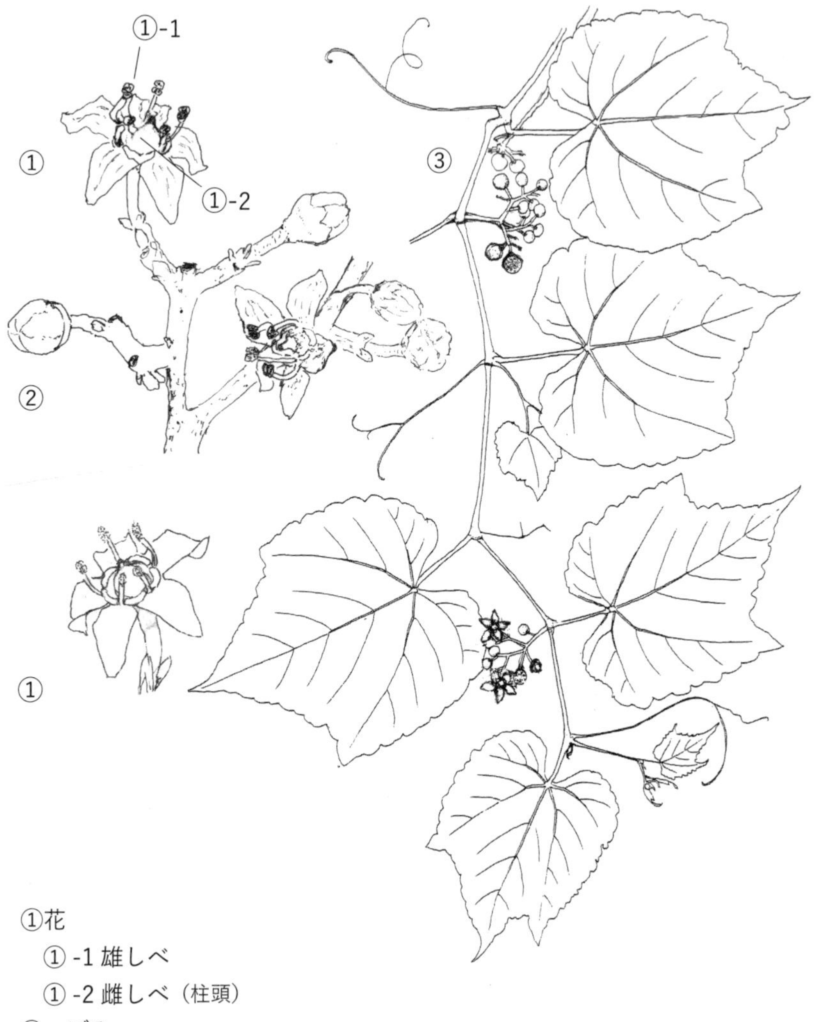

①花
①-1 雄しべ
①-2 雌しべ(柱頭)
②つぼみ
③果実

林縁に生育する木本性ツル植物。葉の表面は暗緑色。集散花序は葉と対となって9月頃に生ずる。花は淡緑色で3㎜、5枚の花びらを開花させる。10月頃には8㎜程の球形で淡紫色、青色、白色を呈する果実をつける。円錐花序では食用のブドウのように実が房状になるが、本種は集散花序なので下垂する房とはならない。食することはできない。大東島を除く各島に分布する。

オモロカズラ(ブドウ科)

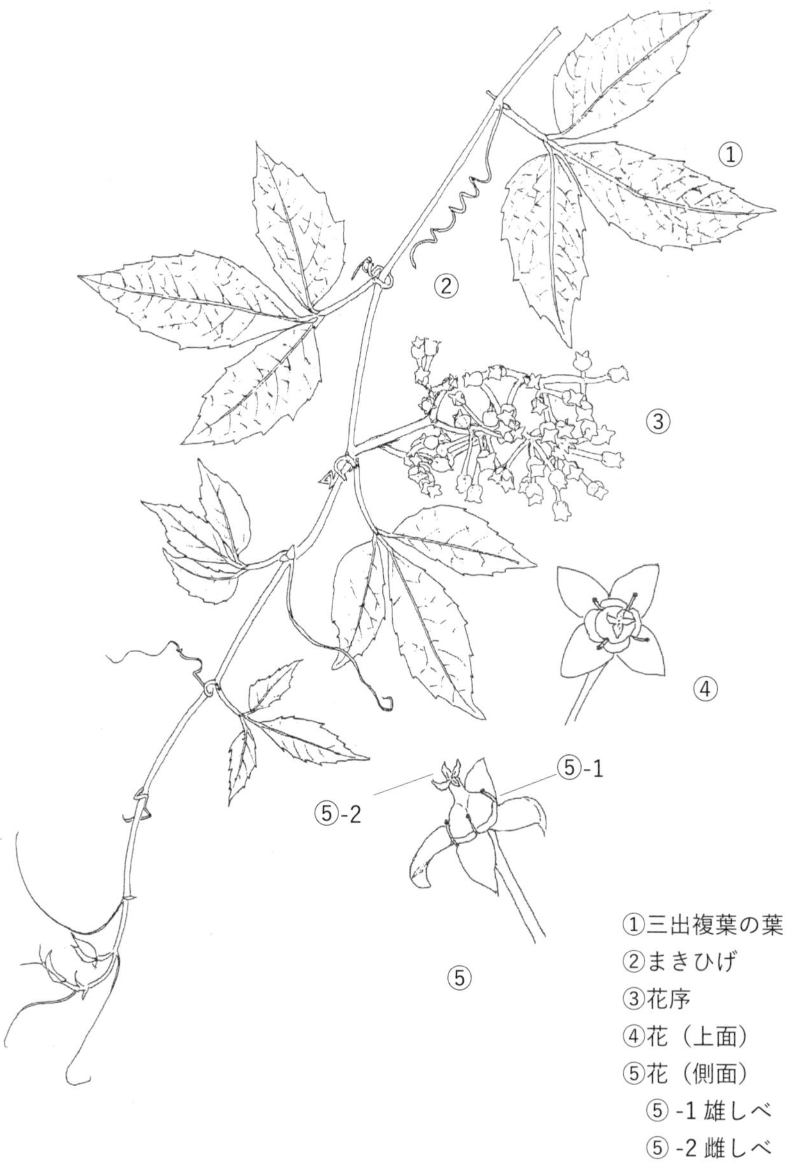

①三出複葉の葉
②まきひげ
③花序
④花（上面）
⑤花（側面）
　⑤ -1 雄しべ
　⑤ -2 雌しべ

葉と対生して分裂しない巻きひげを生ずる。葉は3出複葉、長楕円形で鋸歯がある。雌雄異株、全株無毛。8㎜程の4枚の花弁が短い散房花序につく。短い柱頭は4裂する。果実は5~7㎜程の卵円形で黄色を帯びる。アジアには多くの近縁種が存在するが、本種は琉球列島の固有種で1種のみが在する。徳之島、沖永良部、与論、沖縄群島、先島群島に分布する。

エビヅル・リュウキュウガネブ

（ブドウ科）

カニブ（沖縄、石垣、白保）
ガニブ（与那国、永良部、久米）

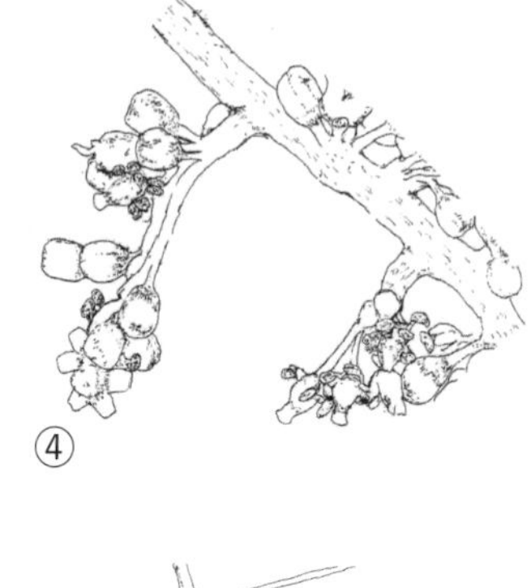

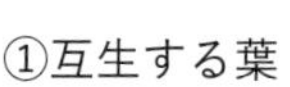

①互生する葉
②まきひげ
③果実
④花の拡大
⑤果実の拡大

低地から山地にかけて生育する雌雄異株の常緑のツル性植物。葉と対生する巻きひげで周辺の物に巻き付いて伸びていく。葉は心状円形、下面は灰色で褐色の綿状の毛が密布する。円錐花序は葉に対生する側のみにつき、花を多数咲かせる。果実は球形で6㎜程の黒褐色、食することが出来る。色づいて垂れ下がると小さなブドウのように思える。ワイン作りに利用されたりする。

ホウライカガミ（キョウチクトウ科）

①木状になったツル
②対生の葉
③花
④花の拡大
⑤果実
⑥種髪を持つ種子
⑦種子

海岸近く林縁に生える多年生のツル植物。全体無毛。葉は対生し厚い革質、葉先、基部と共にやや丸い。淡黄白色の小さな花が集まって咲く。細長い円筒状の果実からは2.5㎝程の長い白色の毛（種髪）を持つ種子がはじき出され、風によって散布される。沖縄県の県蝶のオオゴマダラの食草でもあり県内各地、学校等でも植栽されている。有毒成分を含むので取り扱いには注意が必要である。奄美や喜界島がオオゴマダラとホウライカガミの北限で保護に力を入れている。喜界島以南の南西諸島に分布する。

ソメモノカズラ(ガガイモ科)

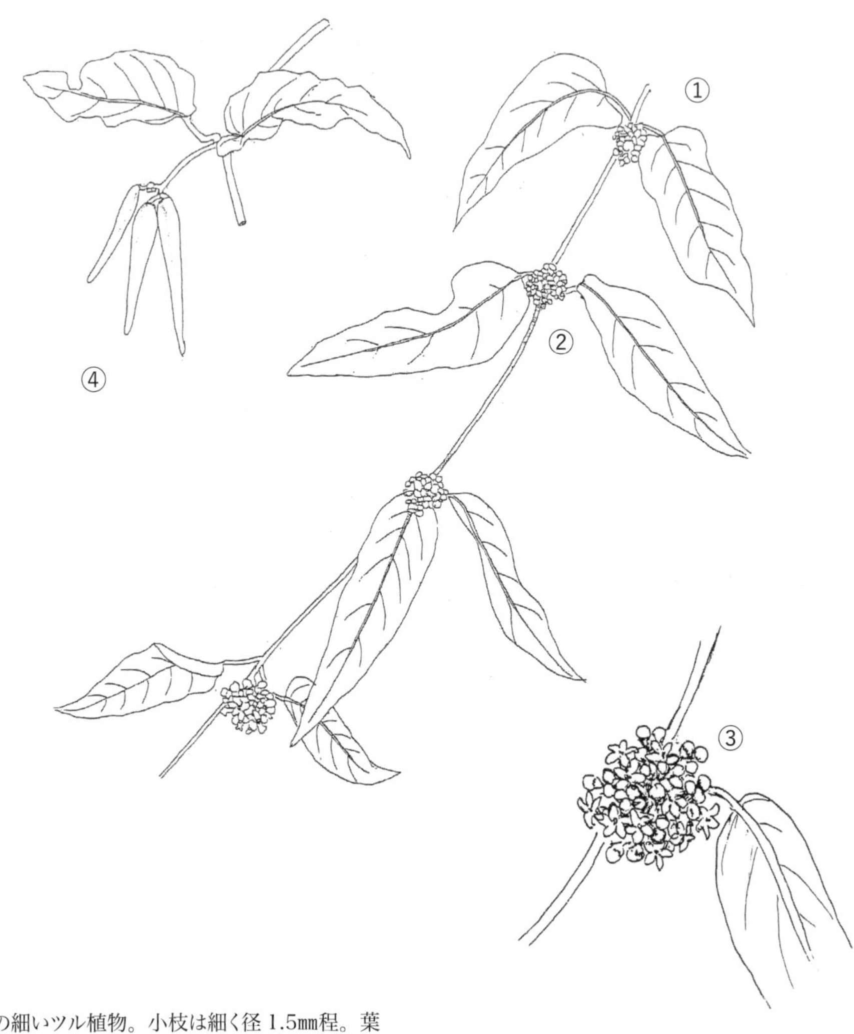

茎の細いツル植物。小枝は細く径1.5㎜程。葉は卵状披針形で13㎝程、全縁。花は小型で葉柄の下に密につく。花弁は鐘形で2㎜程、5つに浅く裂け、無毛。果実は先の細る円筒形で5㎝程。種子は狭卵形で扁平、0.8㎜、種子に付く毛は2.5㎝。葉の裏を爪などで擦ると青色になる。末吉公園内での株の減少傾向が気になるところである。沖縄各島、悪石島以南、台湾、南中国に分布する。

①対生の葉
②花序
③5枚の花弁をもつ花
④果実

ノアサガオ（ヒルガオ科）

ヤマカンダ（沖縄、首里）シヂカンダ（与那国）

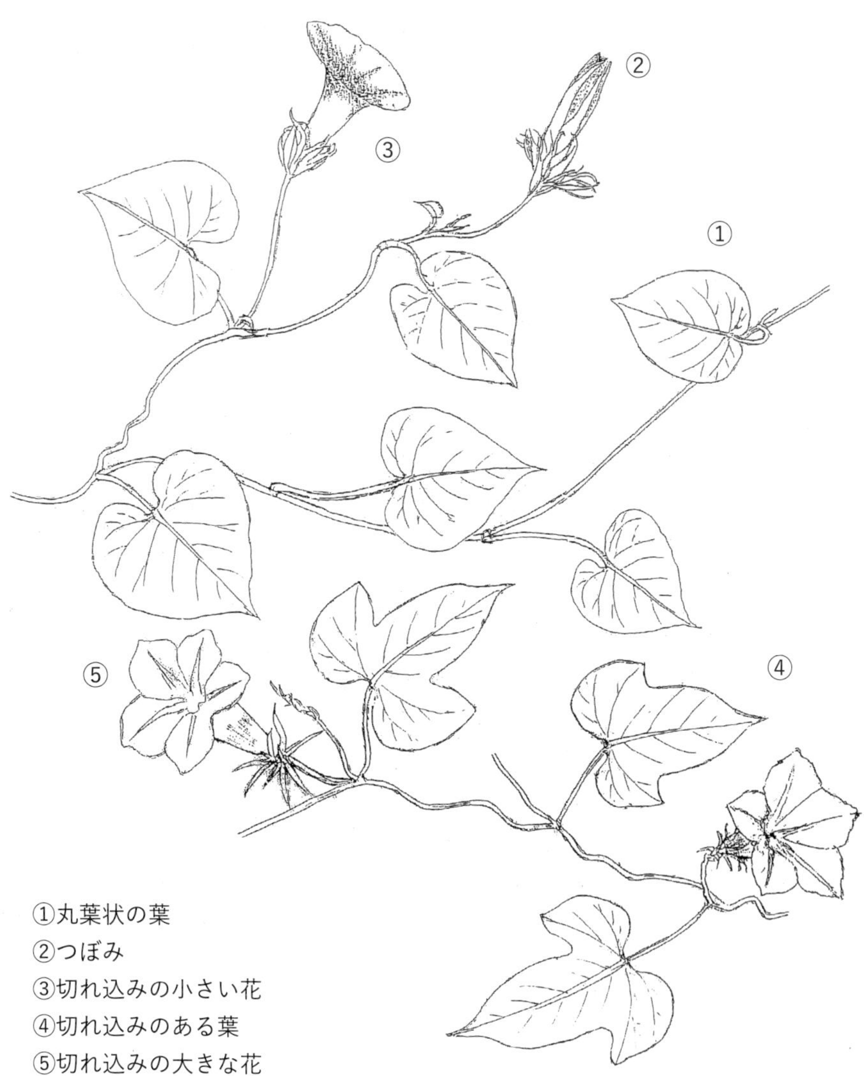

①丸葉状の葉
②つぼみ
③切れ込みの小さい花
④切れ込みのある葉
⑤切れ込みの大きな花

海岸から山地までどこにでも目にする多年生のツル植物、茎の伸びる速度は速い。一般に栽培されるアサガオとは似ているが交配種は存在しない。花期は春から夏にかけて、梅雨の頃には盛りとなる。晴れの日には淡青色を呈しているが、雨や曇りの光量が少ない日には桃色の花弁が目立つ。ノアサガオの花色には二つの花青素の遺伝子が関与し、そのどちらかが欠けると白色の花が咲くが、白色と白色を掛け合わせると有色の花が咲く事がある。葉は互生、卵心形と３裂するタイプがある。両タイプとも茎と葉には毛がある。

ヘクソカズラ（アカネ科）

フィーフィリカンダ（沖縄、首里）
ピヒシカザ（石垣）

①花
②果実
③対生する葉

高さ4~５mに達する落葉のツル植物。広卵形の葉は対生する。9~11月にかけて1~1.5㎝の縁は白色で中心部は濃赤紫色の筒状の葉と同じく特異な匂いを持つ花をつける。果実は球形で5㎜程の黄色、種子は２個、5㎜程で扁平。北海道を除く日本各地、沖縄各島に分布する。花の中央の色が灸の跡に似てヤイトバナ、可愛らしい早乙女花（サオトメバナ）と言う名もあるが、ツル全体に悪臭があるのでヘクソカズラと言う。葉はオキナワクロホウジャクの食草となる。

オキナワスズメウリ(ウリ科)

ヤマウイグヮ(沖縄、知念)
ヤマゴーヤー(沖縄)

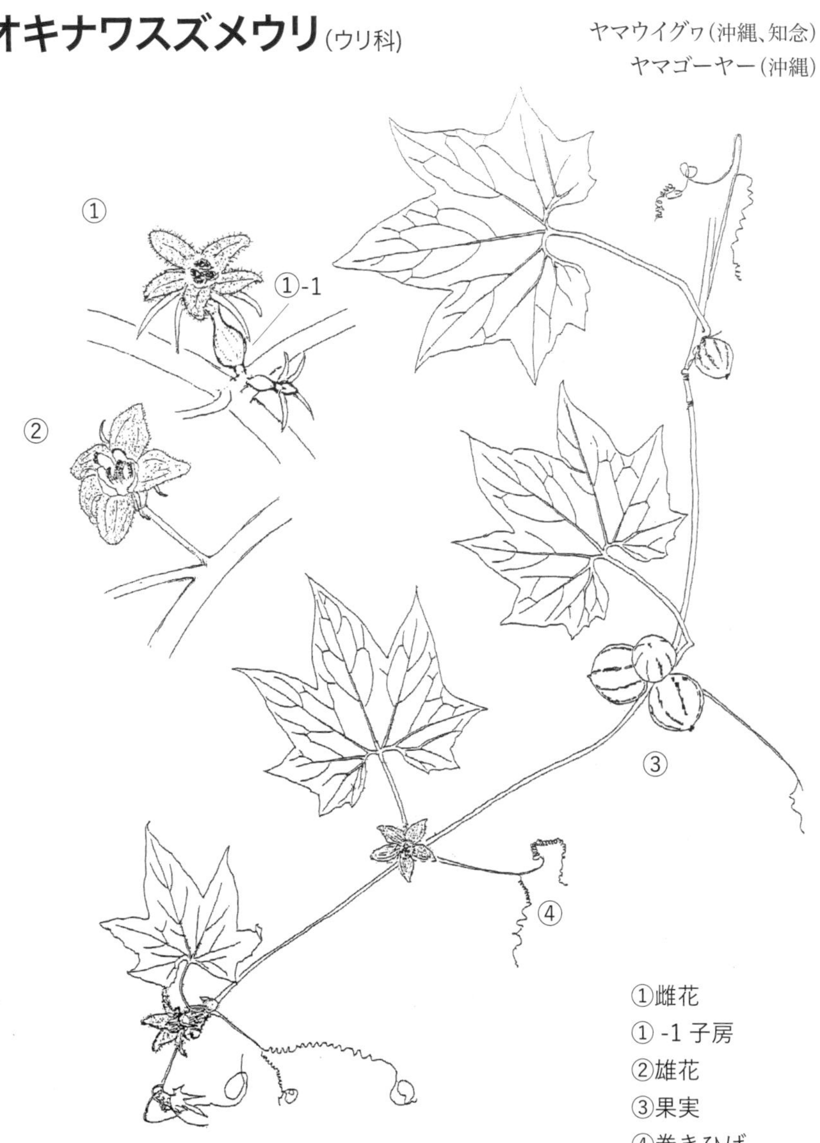

林縁などに生育する一年生のツル植物。巻きひげは葉に対生して生じ、中途より 2 つに分かれて進む。秋には種子から新しい株が芽生えて生長する。葉は心形で掌状、5~7 に葉の中程まで裂ける。長さ幅共に 10㎝、幼体の葉は大きく 13~15㎝。葉柄は 9㎝程。同一の葉腋に 1 ㎝程の黄色の雌花と雄花が群生する。緑色から赤色に熟した果実の表面には白い縦縞の模様がつき赤い小さなスイカの様である。分布は沖縄各島、トカラ列島、口之島以南。

Ⅰ 栽培植物
Ⅱ 草本植物1
Ⅲ 帰化植物
Ⅳ 在来植物
Ⅴ 草本植物2
Ⅵ ツル植物

クロミノオキナワスズメウリ(ウリ科)

グリ(奄美大島)
ユムザ(伊良部)

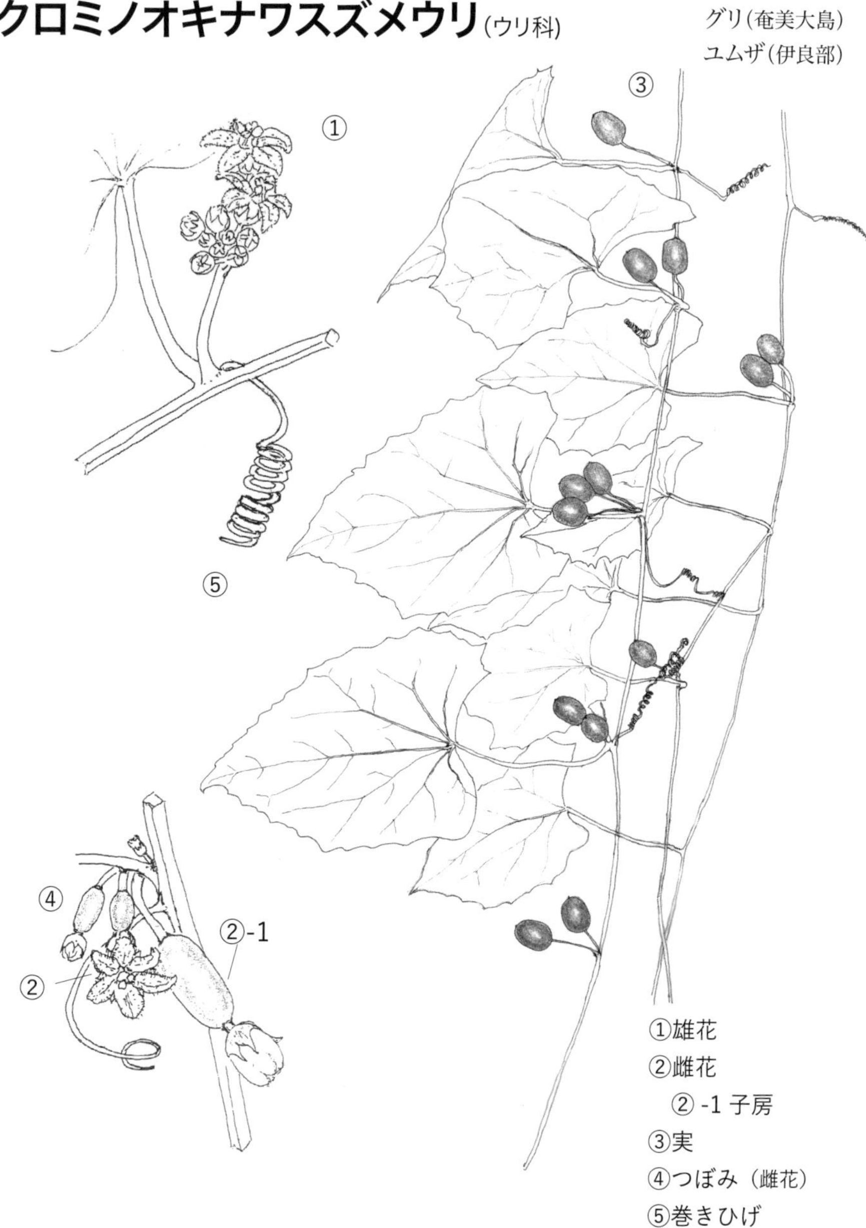

①雄花
②雌花
　② -1 子房
③実
④つぼみ（雌花）
⑤巻きひげ

一年生草本のツル植物。葉は互生し巻きひげは葉柄の付け根から1本出て分岐しない。葉は5~10㎝、細かい鋸歯があり葉の先は尖り、葉脚は腎形脚。葉柄は3~6㎝。花は径7~8㎜の白色の雌花と雄花で、後に黄色に変化する。雌雄異株、雄株には雄花が群生するが、雌株には1~3個の雌花が2~4月に咲く。果実は広楕円形で1.5~2㎝、暗緑色に熟し10~30個の扁平な淡褐色の種子がサヤの中に重なるようにして出来る。沖縄固有種。

オウゴンカズラ(サトイモ科)

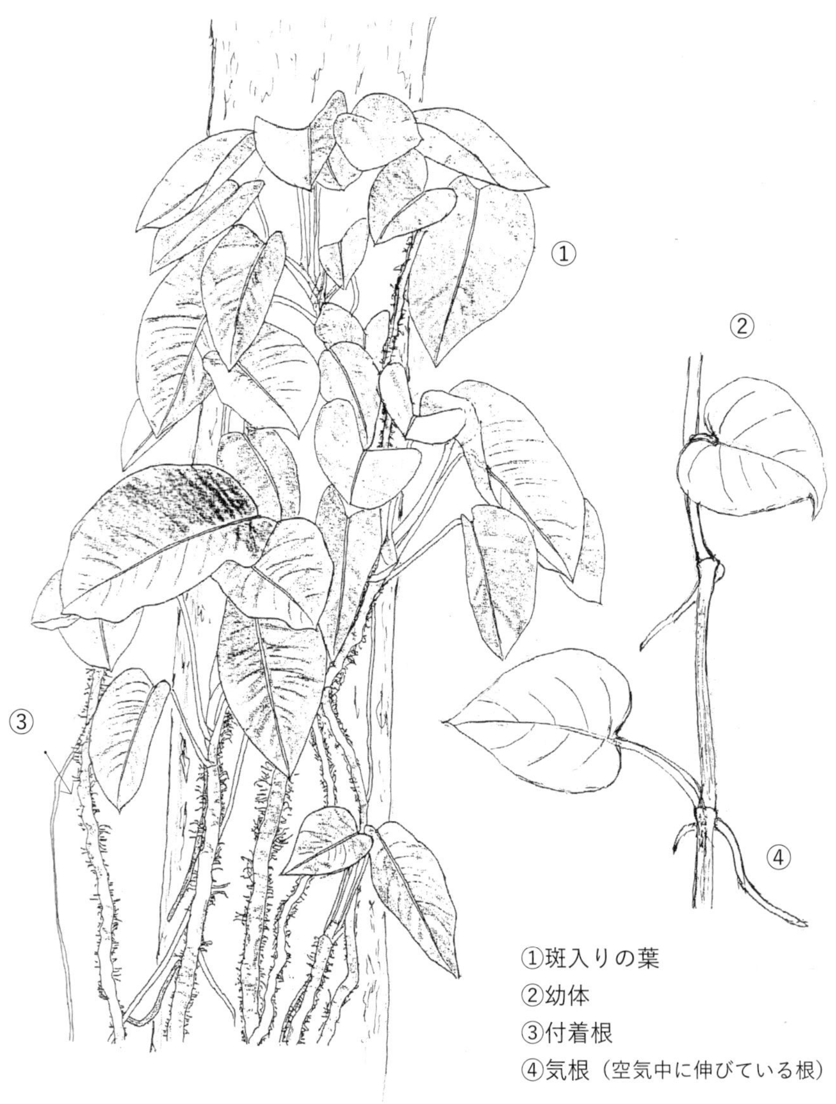

①斑入りの葉
②幼体
③付着根
④気根（空気中に伸びている根）

常緑のツル植物。俗称「ポトス」といわれる。茎の先端は付着根を有し樹木をよじ登る。熱帯地方では 10 mにも伸びる。葉柄は 30㎝程、葉は淡緑色や緑色の斑入りの 30~50㎝程の卵状長楕円形になる。茎から茶褐色の気根を伸ばす。地面に届いた気根の先端は地面に入り込み、地面から水分や養分を吸収して葉を大きく生長させる。沖縄においては花をつけない。園芸種が自然林などに入り込むと自然を破壊してしまう恐れが大きいので、園芸種は自宅の植木鉢で育ててほしいものである。原産地ソロモン諸島、熱帯・亜熱帯の東南アジア。

ハブカズラ（サトイモ科）

パウギー（多良間）

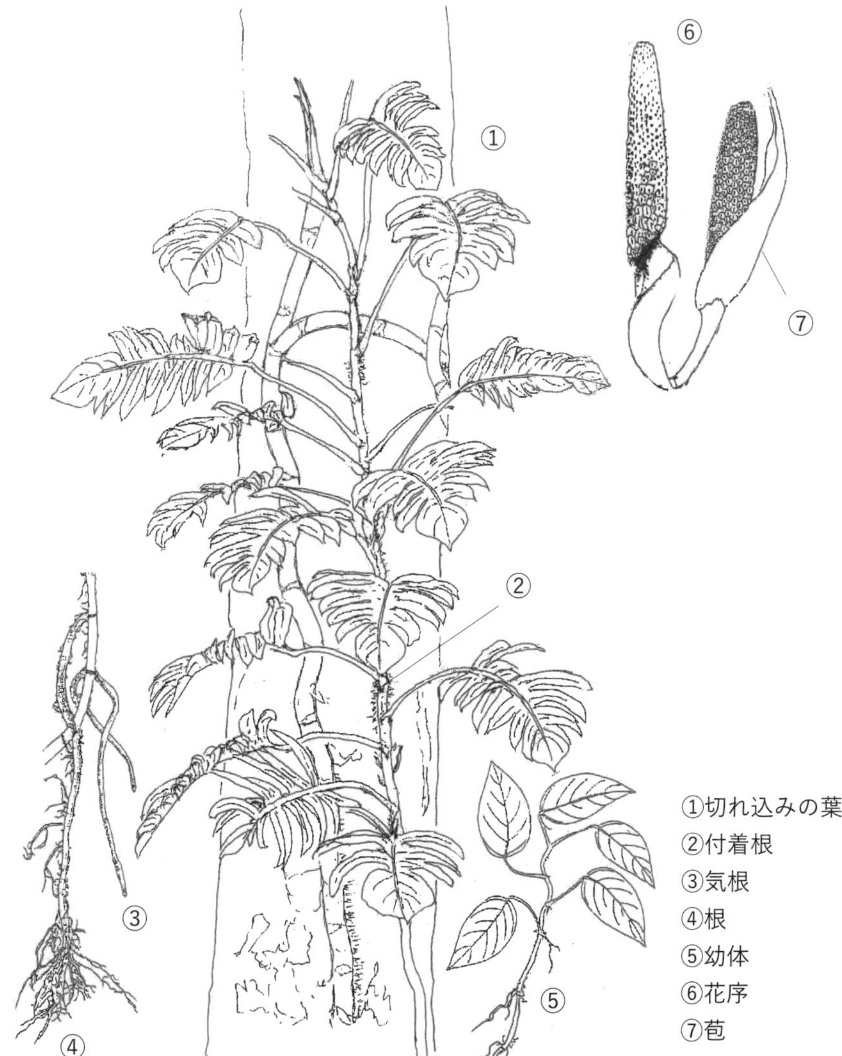

①切れ込みの葉
②付着根
③気根
④根
⑤幼体
⑥花序
⑦苞

葉は卵状楕円形、緑色で55㎝、幅30~40㎝で羽状に切れ込む。茎は3㎝でくねくねとハブの様に蛇行する。茎の横の付着根が伸び、茎を支えたり上へ上へと這い上るのを支える。葉柄は長さ10~40㎝で太く、葉の付け根は膨らみを持ち曲がる。気根が生長し先端が地面に入り込み葉を大きくするのを助ける。7月頃に長さ20㎝程の肉穂花序をつけ、外面は仏炎苞で包まれた円柱形の花被を持たない両性の花がつく。果実は次年には赤熟しパイナップルの様な強い香りと味がして生食することが出来る。沖縄、台湾、インドシナ、マレーシア、アンダマン諸島に分布する。方言名はヘビ木の意。

コラム⑤
オウゴンカズラの脅威

オウゴンカズラは観葉植物として一般には「ポトス」といわれている。在来種の多い末吉公園の林の中にはノアサガオ、クロミノオキナワスズメウリ、タイワンクズ、フウトウカズラ等のつる植物が木の上方を覆っていた。それが2024年4月時点ではほとんどがオウゴンカズラにおきかわり、旺盛に成長している。頂上までよじ登った茎は行き先がなくなると下降し、気根を伸ばす。地表に届くと気根は水分、栄養を本体に供給するようになる。すると再度葉をつけ上昇し、無数の細長い茎を林の中に垂下させる。このように勢いをましたオウゴンカズラの影響による若い木の被害が増えている。

オウゴンカズラは幼体の時は葉も小ぶりで（10㎝）である。地表面をカバーしていたのが、やがて太いアカギなどの幹へ付着根をたよりに上に這い上がり、木の枝に巻きついていく。こうなると新芽も発育できず枯れていくことになる。ヤエヤマヤシにもオウゴンカズラが巻き付いているが、幸いにもヤシの仲間は成長点が茎の頂点にあり、堅い長い葉で侵入を防いでいるため、今のところどうにか健在である。

自然林が残っているこの地域でこのままオウゴンカズラの侵入が進むと、植物だけでなく、キノボリトカゲなどの動物への大きな影響も懸念されている。この問題は一般の方々にも理解していただき、緊急に対策が必要なのです。末吉の静かな森で植物の侵略戦が進行していることを知っていて欲しい。

自然林の中は多数の茎が垂れ下がっている

アカギの木に這い上がる様子

コラム⑥
小さな草の物語

末吉公園の池の周辺（2019.3）

末吉公園を東から西へ流れる安謝川の上流域に川の水を利用し、造成した池がある。その周辺はうっそうと樹木や草木が茂っている。川の水の音は清涼感を醸し出し、心地好い空間を作っている。しかし近年、池の周囲のアカギ、ショウベンノキが倒れ、環境が変わってしまった。直射日光が地表にあたるようになり、木の下方に育っていたモロコシソウがたちまち枯れてしまったのだ。

モロコシソウは「ヤマクニブー（山の九年母）」と呼ばれ、枝葉を陰干したり蒸したりした枝は独特な香りがあり、着物に香りをつけたり、防虫剤として利用されていた。私も祖母のタンスの香りを思い出す。ヤマクニブーは毎年梅雨の頃、那覇市の公設市場にも出回っていたが最近では目にしなくなった。4月から6月に沢山の花と丸っこい実をつけるモロコシソウは末吉公園でもほとんど姿を消してしまった。関心のある人達で育成し、見守っていた数少ない株も心無い人に根ごと持ち去られてしまった。自然や植物の保護がいかに難しいか実感させられた。

水路近くには、アリサンミズの雄株と雌株が別々に群れをなし、2月頃に花をつける。雄株は雌株より先に花をつけ、花粉を白い煙の様に放出して散布する。

池の周辺ではアリモリソウが茎を伸ばして生育地を広げ、多数の白い花をつける。私は白い花のアリモリソウを「沖縄のスズラン」と呼び、毎年11月から1月の花の季節に池の周辺を訪れるのを楽しみしている。次世代の植物としてアリモリソウの周囲に草丈が60㎝にもなるウロコマリの若い個体が増えてきた。

このように、小さな草は変化する環境の中でも精一杯生育している。そんな池の周辺の植物たちの移り変わりを今後も観察していきたい。

モロコシソウ（2007.9）

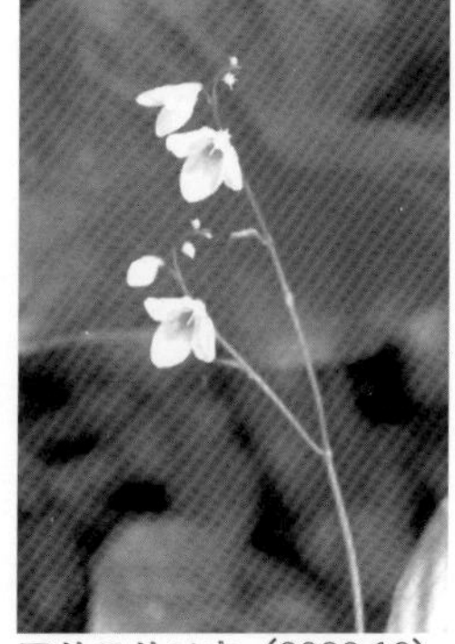
アリモリソウ（2022.12）

コラム⑦

ガジュマルとコバチは仲良し

ガジュマルは小さな葉を茂らせる常緑高木であるが、サクラのような花を枝先に咲かせることは無い。しかし枝先や葉の付け根辺りに小さな果実のような物がたくさん付ける。この袋状のものは果嚢（かのう）とよばれる。果嚢の中をルーペでのぞくと米粒を並べたような物がビッシリと並んでいる。その１つ１つが雌花や雄花である。そして、あの小さな袋の中には花と一緒に１～2㎜の極小の昆虫が何種類か生息しているらしい。

その昆虫は非常に小さいコバチ類である。雌の個体は翅を持っており、雌雄の個体は果嚢の中で受精する。雄は翅が無く一生を果嚢の中で過ごす種類もいる。雌は受精後に受精卵を持って果嚢の外へ出るが、その時に出口付近の花粉のシャワーを浴びることとなる。こうして雌のコバチは受精卵と花粉を付けたまま他の果嚢に潜り込み、花粉を散布し産卵する。その他にコバチの仲間には雄も羽を持ち、花粉の散布に一役かっているものもいるらしい。

2021年４月にガジュマルの果嚢の中からガジュマルオナガコバチ（体長1㎜尾2.5㎜）と寄生コバチを採集した。ガジュマルオナガコバチは果嚢の外から産卵器を差し込んで受精卵を注入すると言われている。ガジュマルコバチは花粉を運ぶことがわかってきた。

このような植物と昆虫との関係は我々の計り知れないところで密接な、しかも複雑な関係を作っている。

参照：越野花音・親川博矢・新里悠桂・照屋有沙（2022）「ガジュマルコバチの他にも送粉コバチはいるのか」、沖縄県立球陽高等学校生物部

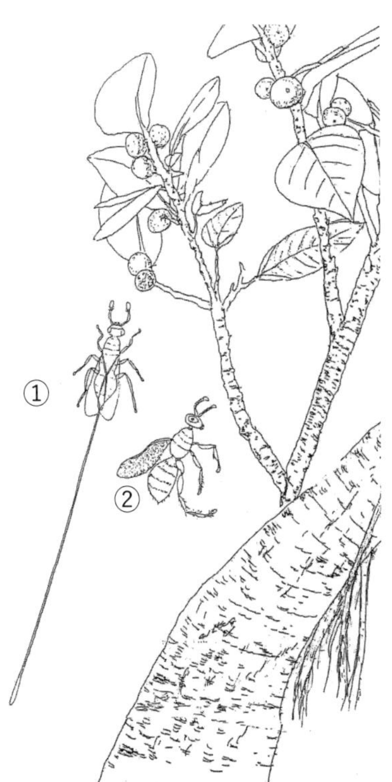

①カジュマルオナガコバチ
（全長3.5mm、尾2.5mm）
②寄生コバチの１種（全長2mm）

索引

＊Ⅰは栽培植物、Ⅱは草本植物1、Ⅲは帰化植物、Ⅳは在来植物、Ⅴは草本植物2、Ⅵはツル植物

■ア

■カ

■サ

■タ

■ナ

主な参考文献

・初島住彦（1975）「琉球植物誌」（追加・訂正）、沖縄生物教育研究会編
・初島住彦（1977）「日本の樹木」、講談社
・佐久本敞・島袋曠・新島義龍・宮城朝章（1978）「地域植生の教材資材（末吉の森林）」、沖縄県教育センター理科教育資料 43 －理科の指導－
・初島住彦・中島邦雄（1979）「琉球の植物」、講談社
・天野鉄夫（1979）「琉球列島植物方言集」、新星図書出版
・池原直樹（1979）「沖縄植物野外活用図鑑」（第 3 巻、5 巻）、新星図書出版
・朝日新聞社編（1980）「朝日百科　世界の植物」、平凡社
・石戸忠（1985）「目で見る植物用語集」、研成社
・沖縄生物教育研究会編（1988）「沖縄四季の花木」、沖縄タイムス社
・天野鉄夫（1989）「琉球列島有用樹木誌」、沖縄出版
・土屋誠・宮城康一共編（1991）「南の島の自然観察」、東海大学出版会
・長田武正（1992）「原色日本帰化植物図鑑」、保育社
・中須賀常雄・高山正裕・金城道男（1992）「沖縄のヤシ図鑑」、ボーダーインク
・初島住彦・天野鉄夫（1994）「琉球植物目録」、沖縄生物学会
・宮城朝章・嵩原建二（2000）「末吉公園の植物とオオコウモリの餌植物」、沖縄県立博物館紀要第 26 号、p47 － 84.
・岩槻邦男（2006）「日本の野生植物シダ」、平凡社
・桑原義明（2008）「日本イネ科植物図譜」、全国農村教育協会
・伊波善勇（2012）「沖縄植物図鑑」、財団法人海洋博覧会記念公園管理財団
・沖縄生物教育研究会編（2012）「沖縄の生きものたち」、新星出版
・中村元紀（2012）「沖縄島南部地域に残存する植生の現状と変遷」、琉球大学大学院教育学研究科修士論文、68p.
・谷川栄子・本間秀和（2015）「里山のつる性植物」、NHK 出版
・植村修二・勝山輝男・清水矩宏・水田光雄・森田弘彦・廣田伸七・池原直樹編著（2015）「日本帰化植物写真図鑑」（第 2 巻）、全国農村教育協会
・大川智史・林将之（2016）「ネイチャーガイド　琉球の樹木」、文一総合出版
・清本矩宏・森田弘彦・廣田伸七編著（2018）「日本帰化植物写真図鑑」、全国農村教育協会
・片野田逸朗（2019）「琉球弧・植物図鑑」、南方新社
・身近な植物をみる会（2019）「楽しい植物ウォッチング」、ボーダーインク
・木場英久・茨木靖・勝山輝男（2019）「イネ科ハンドブック」、文一総合出版
・茨木靖・木場英久・横田昌嗣（2020）「南のイネ科ハンドブック」、文一総合出版
・屋比久壮実（2005）「沖縄の自然を楽しむ野草の本」、アクアコーラル企画
・麻生伸一・茂木仁史（2020）「冊封琉球全図–一七一九年の御取り持ち」、雄山閣
・増田昭子（2015）「沖縄物産志」、平凡社

編著
植物観察とスケッチ画を楽しむ会
末吉公園の植物観察を続けていた神谷保江がよりわかりやすい表現のために経験者へ植物のスケッチ画を依頼したのが始まり。7年間にわたりやり取りを繰り返し、多くのスケッチ画を手掛け、詳細なスケッチ画が集まった。
●神谷　保江（かみや　やすえ）
元高校教諭・沖縄生物学会会員。末吉公園での植物観察を始めて約20年。著書に『那覇・末吉公園を歩く 楽しい植物ウォッチング』（共著、2019、ボーダーインク）がある。本書では植物観察の結果をまとめた写真、文章を担当した。
●垣花　久美子（かきはな　くみこ）
琉球大学農学部農学科卒業。琉球歴史学会会員。著書に『火花方日記』（共著、2019年、榕樹書林）植物愛好家。本書では多くのスケッチ画を担当し、文章や編集にも関わった。
●渡久地　良子（とぐち　りょうこ）
元高校教諭。植物愛好家。絵画教室や工作教室に通い、多くの作品を手がけ、作品展を開催した。本書ではスケッチ画を担当した。
●當間　和子（とうま　かずこ）
元高校教諭。植物愛好家。絵画教室に通い、多くの作品を手がけ、作品展を開催した。本書ではスケッチ画を担当した。

裏表紙絵：當間和子（末吉　滝見橋の風景）

スケッチ画で楽しむ沖縄の植物
末吉公園で見つけた草木たち

2024年5月31日　初版第一刷発行

著　者　植物観察とスケッチ画を楽しむ会
発行者　池宮　紀子
発行所　ボーダーインク
〒902-0076　沖縄県那覇市与儀226-3
電話 098-835-2777　fax 098-835-2840
hppps://www.borderink.com

印刷所　でいご印刷

ISBN 978-4-89982-467-1